TOUT LE MONDE N'A PAS LA CHANCE D'AVOIR UNE AME DE HEROS ! Si ?

© 2019 Sophie GIACCHI

Éditeur : BoD-Books on Demand
12-14 rond-point des Champs-Élysées, 75008 Paris
Impression : Books on Demand, Norderstedt, Allemagne

Dépôt légal : Décembre 2019

ISBN : 978-2-3221-8982-3

A ma fille
A tous les enfants du monde

Sommaire

Introduction.. 7

Les questionnements de Donald............................... 15

Les solutions

    Mon agriculture, ma Terre, mes Océans............. 60
    Mon alimentation, le gaspillage alimentaire, le
    traitement des déchets, le recyclage................. 78
    Ma mode, ma garde-robe..................................... 103
    Mon mobilier, mes objets du quotidien, mon
    électroménager et multimédia............................ 110
    Mes objets numériques et leur devenir............... 123
    Mes fêtes.. 133
    Mes achats en tout genre..................................... 136
    Mon déménagement, mon aménagement........... 137
    Mon univers sur la toile.. 138
    Ma construction, mon habitation........................ 147
    Ma banque, mon épargne, ma monnaie............. 176
    Mon énergie, mon électricité................................ 182
    Mes transports.. 211
    Ma ville, ma collectivité....................................... 221
    Mon entreprise.. 223
    Mon chez moi.. 229

RESUME (et quelques nouvelles notions).................. 238

CONCLUSION... 252

LE MONDE DES BISOUNOURS.................................. 254

ANNEXES.. 259
    Idées : Ce que vous pouvez apporter dans vos
    métiers

Produits qui peuvent se composter et erreurs à éviter
Autocollant stop pub
Labels environnementaux
Savoir lire les étiquettes de tous les produits

Les défis que je souhaite relever après lecture de ce guide

PAPA LAISSE MOI T'EXPLIQUER : Un petit guide écolo (à éventuellement découper) pour les Enfants Engagés qui veulent comprendre le réchauffement climatique et passer à l'action !..275

Introduction

« L'image alerte, l'écrit persuade » Nicolas Hulot

Nous sommes 7 milliards. 7 milliards d'humains. Presque tous confinés dans des halots urbains, prêts dès le réveil à se lancer dans une course contre la montre pour produire, consommer, jeter et être admirer par autrui.
Personne ne s'émerveille devant le lever du soleil. Personne n'entend cet oiseau à quelques mètres, dont le chant enroué prévient que la Terre est malade et qu'il est temps de ne plus regarder ses chaussures, de lever la tête, et de regarder au-delà que le bout de son nez. L'horizon. Celui des possibles. Celui du chemin pour un futur meilleur. Pour nos enfants et pour qu'ils puissent connaître la diversité de la vie autrement que dans un livre. Il est temps de prendre une inspiration et de se mettre au travail.

Et moi dans tout ça ? Qui suis-je ? Quelle est ma place sur cette planète ? En ais-je seulement une ? Quand cesserais-je de rester ignorant sur l'impact négatif de ma façon de vivre sur la planète ? Que puis-je faire face à l'ampleur de ces problèmes qui me dépassent : le réchauffement climatique et la 6ème extinction ?
Comment me sentir indigné et concerné par ces catastrophes naturelles qui ont lieu à des milliers de kilomètres de chez moi ? Que faire pour remédier à cette catastrophe écologique qui se prépare ?

Introduction

Et d'ailleurs, suis-je prêt à réduire mon rythme soutenu de consommation pour intégrer la protection de la planète dans mon quotidien ? Suis-je prêt à cesser cet immobilisme ? A mettre en place des actes concrets alors que les scénarii d'avenir sont hypothétiques et que l'effondrement aura probablement lieu ? Ou bien je préfère profiter de ce qui est là et surconsommer au détriment de mes enfants ou si je n'en ai pas, des futures générations ? Et puis d'ailleurs, qu'est-ce que je peux faire ? Même avec de l'énergie et de la motivation par où commencer ? Prendre le vélo ? Manger local et végétarien ? Quand bien même je ferais tout ça, quel serait le résultat si mon voisin ou quelqu'un à l'autre bout du monde ne prend pas les dispositions pour la survie de la planète et ne se prive pas de rouler en SUV polluant et de laisser traîner ses détritus dans les forêts et in fine dans les océans ? Pourquoi alors aurais-je fait tant d'efforts ? Pourquoi je changerai si l'autre ne change pas ? Et si je décide de changer, d'installer des panneaux solaires ou de rouler en voiture électrique, comment vais-je faire si j'ai déjà des difficultés à joindre les deux bouts ? L'écologie est une affaire de riche.

Voilà quelque unes des raisons que nous avons de procrastiner en matière d'écologie :
- Je ne vais pas changer mes habitudes si je sais que d'autres ne le font pas car cela coûte des efforts de préserver la planète
- Les efforts ne sont pas uniquement énergiques mais aussi économiques car changer mon mode de vie me coûtera de l'argent que j'ai déjà du mal à gagner

Introduction

- Si je change, moi, une personne sur 7 milliards, ça ne changera pas la finalité qui est le réchauffement climatique et la 6ème extinction
- C'est la faute des politiques et des grandes entreprises (surtout pétrolières) si nous en sommes là aujourd'hui

Pourrions-nous arrêter un tant soit peu de chercher des coupables pour nous déculpabiliser ? De chercher des responsables pour leur imposer une taxe carbone ? Nous sommes tous responsables, producteurs qui voulons juste améliorer notre chiffre d'affaires, consommateurs qui voulons simplement avoir les derniers gadgets à la mode... Comment savoir que l'ère industrielle et la croissance économique qui en a découlé et s'est accélérée après la seconde guerre mondiale allait être responsable du cataclysme environnemental qui nous pend au nez ? Comment les générations de nos parents et grands-parents pouvaient se douter que le modèle occidental de consommation contribuerait à notre perte ? Et comment changer quand on est né là-dedans, dans l'abondance déraisonnée de biens matériels ? D'autant plus que nous avons été conditionné de la sorte : la possession fait le bonheur.
Nous ne l'avons pas vu venir. Pardonnons-nous. Nous ne savions pas, nous n'avons pas voulu voir la réalité en face lorsque de nombreux scientifiques nous exposaient les faits. Maintenant, cessons d'être ignorants et changeons ensemble ! Changeons dans nos actes mais surtout dans nos consciences et inculquons aux générations futures les solutions concrètes pour un changement profond. Enseignons-leur la sobriété.

Introduction

Comment parler de décroissance quand on sait que de nombreuses personnes sont au chômage et ont besoin de la croissance économique pour trouver un travail et manger ? Qui dit décroissance dit moins d'objets, moins de rangement, donc plus de temps à se consacrer ou à consacrer à sa famille et à ses amis. Ainsi l'avenir des métiers sera peut-être dans la culture et les loisirs plutôt que dans le matérialisme et la surconsommation.
Comment parler de prendre le temps, de méditer, de décélérer dans nos vies et dans l'éducation de nos enfants quand les seuls mots d'ordre actuels sont immédiateté et hyperstimulation ? Comment parler d'une façon différente de vivre, d'une façon différente d'entrevoir l'économie mondiale quand le libéralisme prend une place si importante et qu'il n'existe pas d'autre alternative ayant fait ses preuves ?

Hélàs, bien des questions restent sans réponse car il n'y a pas Une solution concrète pour pallier au réchauffement climatique. De nombreuses personnes expérimentent, cherchent et trouvent des améliorations mais la solution miracle n'existe pas.
L'avenir est à inventer. Il consistera en une multitude de solutions qui remplaceront les systèmes actuels en matière d'énergie, d'alimentation, de politique et même d'économie. Il faut dès à présent se faire entendre, donner des idées, améliorer le monde, changer les consciences, révolutionner le système entier.

Introduction

Devrions-nous œuvrer à nos « batailles » pour la planète pacifiquement ou se rebeller contre le système, les entreprises et les politiques qui n'agissent pas malgré l'urgence ? La désobéissance civile, qui se caractérise par la transgression délibérée, publique et non violente, d'une loi en vigueur, pour exercer une pression visant à faire amender ladite loi, doit-elle devenir la règle dans les révoltes liées au réchauffement climatique ? Quels sont les rôles de l'état et des multinationales ? Leur rôle est-il plus important que le mien ? A-t-il plus de valeurs ? Peut-on faire confiance à leurs actions durables concrètes ou doit-on se méfier d'un greenwashing susceptible de faire taire les plus redoutables écologistes ? L'économie mondiale et les politiques n'ont qu'une partie des réponses aux problèmes de société. La réponse est dans le système, et nous faisons tous partis du système.

Peut-on alors envisager de nous considérer tous dans le même bateau, riches, pauvres, noirs, blancs... laisser de cotés les aprioris sur nos voisins et disséminer l'humilité à chaque coin de rue ? La diversité est un enrichissement et le choc des différences culturelles peut élargir les points de vue et inspirer des améliorations créatives.

Ne peut-on pas cesser de prendre un parti ou un autre et se dire que notre seule mission est celle de la conservation de la nature et de l'atmosphère ? Ne pouvons-nous pas cesser ce scepticisme, ces divergences d'opinion et ces débats médiatiques contre productifs quant au réchauffement climatique et œuvrer à l'unisson avec le même message inscrit dans nos cœurs « collaborons pour rendre le monde meilleur » ? Ne peut-on pas vivre avec les valeurs de vérité,

Introduction

compassion, équité, liberté, courage, responsabilité, altruisme, tolérance et solidarité ? Sommes-nous à ce point dépourvus d'intelligence pour croire que notre vision est la meilleure, que la culture de l'autre est mauvaise ou que le fonctionnement du monde devrait être celui de l'occident ?
Créons une identité mondiale, une alliance mondiale, comme il existe une économie mondiale ; l'identité nationale de chaque pays ne peut pas gérer l'ensemble des situations d'envergure du réchauffement climatique.
Passons de la politique nationale à la politique globale, à l'identité globale. L'union fait la force, et chaque geste que vous ferez, d'autres le feront aussi, ainsi se créera une communauté, une alliance pour un futur meilleur.
Ainsi changer vos habitudes a un impact dans les consciences de toutes les personnes qui croiseront votre chemin. Un réseau se crée : celui du changement des consciences, celui de l'union pour créer l'avenir de nos enfants.

Il n'est pas trop tard. Trop tard pour quoi d'ailleurs ? Pour stopper le réchauffement ? Peut-être effectivement qu'il est trop tard pour ne pas dépasser les 2° d'ici 2100.
Mais il n'est pas trop tard pour enrayer les inégalités, les catastrophes naturelles, la mort des sols, des abeilles et des poissons !
Il n'est pas trop tard pour accompagner les pays développés et les pays émergents à la transition énergétique.
Il n'est pas trop tard pour changer le dogme du libéralisme, modifier les règles du capitalisme.

Introduction

Joseph Schumpeter, économiste des années 1930, a dit « Le nouveau ne sort pas de l'ancien mais apparait à côté de l'ancien et lui fait concurrence jusqu'à le ruiner[1] ». Ainsi lorsqu'une crise économique éclate, de nouvelles innovations et un nouvel état d'esprit apparaissent pour prendre la place des anciens dogmes. Il est alors primordial de retenir les leçons pour ne pas reproduire les erreurs du passé et de ne jamais cesser de chercher à améliorer le monde. Le changement sera citoyen avant d'être politique ou entrepreneurial. La conscience collective est en train de changer, les entreprises et les politiciens devront s'adapter à leurs citoyens.

Le rôle actuel de l'état est de faciliter le commerce international et de résoudre les problèmes d'emplois et de pouvoir d'achat de son pays. Les politiques sont court-termiste. Pour que les lois changent, il faut que des millions de personnes contraignent les responsables politiques en créant l'impulsion planétaire du changement. Depuis la nuit des temps, les révolutions et grands changements ne viennent jamais des gouvernements mais du peuple.

Faisons tout notre possible pour la survie de la vie sur terre, Prenons les dispositions nécessaires pour prévenir les problèmes liés au réchauffement climatique (pénurie alimentaire, montée des océans, immigration, sécheresse, maladies pulmonaires, congestion des îlots urbains...)

Le monde de demain ne sera pas le fruit de nos réactions mais de nos actions et créations. Et le rôle de chacun est de rendre l'ancien modèle dévastateur obsolète pour

Introduction

construire un nouveau modèle sobre, enrichissant et loyal envers l'humanité et la planète entière.

Sachez qu'informer, sensibiliser et proposer des solutions sont les premières étapes de tout changement. Il faut une prise de conscience collective, puis donner une idée des solutions concrètes que chacun peut mettre en place à son échelle est la seconde étape. Enfin vient le changement sociétal, de grande ampleur, grâce à l'adoption de nouveaux principes de vie par le plus grand nombre de citoyens qui oblige le système entier à se transmuter. Dans vos vies, l'attention portée à un sujet qui vous passionne se transforme en intention puis en action. Les actions au début semblent compliquées à mettre en place, puis cela devient instinctif, acquis, comme l'apprentissage du vélo. Et surtout, cela « rentre dans les mœurs ». La protection de la planète doit s'inscrire dans l'éducation de nos enfants, et devenir la norme, non plus l'exception.

Soyez alors un héros ! Le monde n'aura pas SON unique héros mais une RIBAMBELLE de héros aux quatre coins du monde, qui montreront l'exemple, donneront des idées, expérimenteront et changeront le monde en profondeur ! Il suffit de regarder le film « Demain », de Cyril Dion et Mélanie Laurent (https://www.demain-lefilm.com/) pour s'apercevoir que le vent d'un monde meilleur est déjà en cours et d'y constater que l'élan vient de citoyens comme vous et moi... inscrits dans la machine infernale du temps et de l'argent, qui veulent en sortir et créer leur propre monde, celui que nos enfants et petits enfants nous remercieront d'avoir érigé.

Alors n'hésitez plus, faites jaillir le héros qui est en vous !

Les questionnements de Donald

Si nous ne comprenons pas le monde dans lequel nous vivons, nous sommes alors incapables de faire la différence entre le bien et le mal, entre ce qui est juste et ce qui est injuste. De manière générale, si nous ne savons pas, si nous sommes ignorants ou conditionnés par de fausses idéologies, nous ne pouvons pas appliquer les gestes justes dans notre quotidien. Nous allons donc au cours de ce livre tâcher de comprendre comment fonctionne le système actuel, pour savoir quelles sont les alternatives et comment changer le monde. Mais d'abord, faisons le tour des préjugés au sujet du réchauffement climatique.
Vous allez faire la connaissance de Donald, un jeune canard climato sceptique, qui a décidé de contester ce qui se dit à propos du réchauffement climatique.

Donald – « J'étais au ski la semaine dernière, il n'a jamais fait aussi froid pour un mois de Mars 2018, avec des températures avoisinant les -10° en France. Comme il fait froid, c'est qu'il n'y a pas de réchauffement climatique »

Faux ! L'augmentation de la température aux pôles crée des perturbations des courant-jet (courants d'air se trouvant dans l'atmosphère) et la fonte des glaces crée des perturbations des températures océaniques.
L'équilibre des zones froides (aux pôles) et des zones plus chaudes se rompt, créant une ceinture de vents très puissants qui fluctue autour de la terre, provoquant des incursions d'air froid dans des endroits inhabituels. Nous n'avons pas à craindre uniquement une augmentation des températures sur la planète mais aussi des vagues de froids hors du commun[1].

Donald – « 2° en plus, ça ne va pas changer grand-chose ? »

En réalité, 2 degrés de plus en moyenne sur la planète peuvent bouleverser de nombreux paramètres et entraîner une cascade d'évènements s'impactant les uns les autres. Un changement dans un lieu pourra retentir sur toute la planète, c'est l'effet papillon. Et nos actions n'ont pas uniquement un impact à une autre échelle d'espace que notre lieu de vie mais à une autre échelle : celle du temps, puisque le CO_2 relâché aujourd'hui reste plusieurs décennies dans l'atmosphère.

Voici quelques conséquences d'un réchauffement de 2° :

Le climat gère l'équilibre du cycle de la vie : certains animaux migrent et font le nid de leurs nourrissons dans un endroit précis où ils trouveront de la nourriture. Or si ces animaux migrent plus tôt en raison d'une augmentation de la température, et si leurs proies ne sont pas encore là, il y a un déséquilibre des espèces entre elles et de la chaîne alimentaire. Les nourrissons risquent de mourir.
Ainsi disparaît la biodiversité.
Chaque rouage dépend d'un autre. Si un maillon est "cassé ou ralentit", l'ensemble du rouage est perturbé.

La fonte des glaces arctiques libèrera des virus suspectés d'être présents (comme la grippe espagnole ou la peste bubonique).

D'autres maladies présentes actuellement se répandront à toute la planète de par l'augmentation du climat car certains virus se développent dans les zones chaudes (paludisme, dengue).

Le dégel du permafrost libérera de grandes quantités de carbone et de méthane piégé en son sein, ce qui envenimera encore davantage le réchauffement climatique.

Les guerres pour les matières premières de plus en plus rares (pas uniquement le pétrole mais aussi des métaux rares comme le lithium présents dans nos smartphones) obligeront de nombreux êtres humains à se déplacer, entraînant d'importantes migrations.

La montée des océans ensevelira des villes entières, entraînant des migrations importantes de citoyens. Nous aurons beau construire des murs, les humains désespérés par les conditions de vie dans leur pays (guerre, sècheresse…) trouveront le moyen de passer, non pas pour profiter des aides financières de l'état d'accueil, mais simplement pour survivre, juste survivre, le temps de se relever moralement et de pouvoir revivre à nouveau. Parce qu'on oublie trop souvent que ces gens, ces enfants, même si leur culture est différente de la nôtre, souffrent, comme nous, ont peur, comme nous, se sentent impuissants, désemparés, humiliés, malheureux… et qu'ils ont un cœur, comme nous. Voulons-nous seulement leur offrir notre cœur de pierre ? Autant légaliser l'immigration et éviter ainsi un monde caché de trafics humains, de travailleurs clandestins, d'enfants sans papier ou noyés dans les océans. D'autant plus que le droit à la vie, à la

liberté et à la sûreté de la personne font partis de la déclaration universelle des droits de l'homme. Bien que la définition exacte du « droit à la vie » ne fasse pas consensus sur la planète, en France, une règlementation protège les étrangers grâce au droit des étrangers et au droit d'asile établi par la convention de Genève.
Quoi qu'il en soit, l'avenir de notre pays (et de notre planète) ne se joue pas contre les humains, mais avec eux. En Afrique australe, 11 millions de personnes ne peuvent pas manger à leur faim[2], suite à une sécheresse qui a réduit à néant plusieurs saisons agricoles. Que devons-nous leur dire ? Débrouillez-vous ? Et si ça nous arrivait à nous ? Qu'aimerions-nous qu'on nous dise ? Que feriez-vous ? Resterez-vous chez vous en souffrant de la faim ou migrerez-vous à la recherche de solutions ?
Ce petit aparté n'engage que moi.

Les rendements agricoles seront de moins en moins importants au fur et à mesure des degrés pris (plus de sécheresse, plus d'érosion, plus d'inondations emportant des récoltes entières), et les manques d'eau réduit encore davantage ces rendements, entraînant la culture de produits moins énergivores en eau. Cela engendrera un impact important sur la diversification alimentaire (moins de variétés, uniquement des variétés peu énergivores en eau) et la quantité (moins de rendement des cultures), accentuant les problèmes de malnutrition des pays émergents, avec les problèmes de santé qui les accompagnent, provoquant une hausse de prix des denrées dans les pays industrialisés.
On rentrera alors dans un cercle vicieux dont il sera impossible de sortir : moins de rendement et davantage

encore de monocultures non énergivores en eau demandera des ajouts d'engrais de synthèse pour faire pousser de plus en plus vite les plantes. La monoculture est un très gros problème puisqu'elle ne permet pas aux plantes de se défendre contre les parasites et aux racines de bien s'enfouir dans le sol. En effet, dans la nature, la biodiversité est de rigueur pour maintenir un équilibre fragile. Les insectes ravageurs d'une espèce végétale seront détruits ou repoussés par d'autres espèces végétales. Nous avons instauré des monocultures et des engrais synthétiques pour le rendement et la croissance économique, sans penser aux dégâts sur l'équilibre des sols et de la vie des sols. L'engrais de synthèse augmente le taux d'azote dans le sol. Lors de pluie, l'azote rejoint les océans et crée la mort des écosystèmes marins (j'y reviendrai en détail sur le chapitre consacré à l'agriculture). Nous devons observer ce qu'il se passe dans la nature et le reproduire dans notre vie sur cette planète, c'est ce qu'on appelle le biomimétisme.

Le changement climatique est une menace pour la paix et la sécurité dans le monde puisqu'il peut être à l'origine de conflits entre les pays pour des ressources naturelles (la fonte de l'Arctique va ouvrir un passage que vont vouloir s'approprier les Etats-Unis et la Russie, les sécheresses et les faibles rendements agricoles en Afrique vont entraîner d'importantes migrations, créant des tensions dans les pays d'accueil).
Aujourd'hui, nous ne devons plus avoir peur de l'échec mais de l'immobilisme. Nous devons faire de notre société une institution plus résiliente dans un

contexte d'adaptation au réchauffement climatique, et le limiter pour les générations futures.

<u>Donald – « D'accord, mais on va commencer à ressentir les gros effets dans une trentaine d'années »</u>

Faux. Un décès sur six dans le monde est lié à la pollution, en 2015[3].

Aujourd'hui, deux « systèmes » contradictoires sont présents :

Le monde dans lequel nous vivons a été bâti sur le capitalisme, la croissance économique, le libre échange, le principe du « j'achète, je consomme, je jette, je rachète et ainsi tourne l'économie » depuis l'industrialisation. De cette façon, l'économie se développe, et avec elle, les emplois, les infrastructures, le pouvoir d'achat etc...

Le réchauffement climatique qui est dû au système précédent construit par l'homme (vous avez du entendre parler de l'anthropocène) et qui, par l'extraction des ressources que nous utilisons tous les jours, a entraîné l'augmentation du taux de CO_2 atmosphérique. Ainsi pour stopper le réchauffement, il faudrait stopper en partie la croissance économique. Or personne ne souhaite que la croissance économique s'arrête, et de ce constat est née la croissance verte, celle qui utilise les énergies renouvelables pour contrecarrer l'augmentation du taux de CO_2 atmosphérique tout en permettant à la croissance économique de perdurer. Si la croissance verte est née, c'est en grande partie car nous n'avons aucun modèle aussi efficace que le capitalisme en termes d'économie. Le principe même de l'économie est de croître mais jusqu'à quel point

Le système capitaliste a permis de nombreuses avancées dans le monde, tant dans le domaine de la santé, avec un recul de la mortalité ; dans le domaine des technologies, avec la diffusion du savoir ; dans le domaine des sciences, avoir de nombreuses découvertes ; dans le domaine de l'économie, avec un recul de la pauvreté...

Mais ce système, qui se base sur l'économie de la linéarité (consiste à extraire, utiliser, jeter) met aujourd'hui à mal notre planète.

Le système capitaliste est lié au libéralisme économique qui défend l'initiative privée, la libre concurrence et l'économie de marché. Cette dernière repose sur le fait d'échanger et d'allouer des biens et services dont le prix sera déterminé par la confrontation entre l'offre et la demande.
Selon ce principe, tant que la population voudra acheter le dernier Smartphone, le fabricant continuera de créer des nouvelles versions. Mais si les entreprises ne voient pas leur chiffre d'affaires s'améliorer, elles n'augmenteront pas leur capacité de production.
Ce système peut difficilement être renversé car les pays émergents sont économiquement en train de s'enrichir et souhaitent vivre à l'occidentale, c'est-à-dire, acheter, utiliser, jeter. Pourquoi ce modèle représente-t-il un idéal à atteindre pour les pays émergents ? Peut-être car ils n'ont

pas d'autre exemple que le modèle occidental. Aujourd'hui il est primordial que les pays émergents connaissent une transition énergétique dès à présent afin de ne pas devenir dépendant des ressources polluantes que sont le pétrole et les métaux rares. Le problème climatique est bel et bien mondial.
Bien que les plus gros pollueurs, c'est-à-dire les pays industrialisés, doivent changer leur mode de vie, les pays émergents doivent sauter l'étape des énergies fossiles et du « berceau au tombeau » (économie linéaire), pour rentrer immédiatement dans l'air des énergies renouvelables et du « berceau au berceau[4] » où le rebut n'existe pas (principe de l'économie circulaire ou du « rien ne se perd, rien ne se crée, tout se transforme » de Lavoisier).

Cela doit se faire grâce à des aides financières, accompagnées d'informations et de sensibilisation des citoyens, collectivités et états. L'éducation dès le plus jeune âge doit aussi jouer un rôle crucial pour changer les consciences et limiter le réchauffement climatique.

La transition énergétique connaîtra un essor important lorsque les énergies renouvelables auront un coût extrêmement bas et surtout lorsqu'on aura trouvé la solution au stockage de l'énergie. Les éoliennes fonctionnent au vent, le solaire, grâce au soleil, or vents et soleil sont intermittents et nous n'avons pas encore trouvé de solutions à fort rendement et faible impact écologique pour stocker l'électricité produite en amont.
De manière générale, il existe des techniques de stockage de l'énergie : certaines techniques nous les connaissons

bien (les piles), mais d'autres sont moins connues du grand public et ont encore besoin de faire leurs preuves au niveau de leur coût, de leur rendement et de leur impact écologique (stockage à volant d'inertie, stockage à air comprimé, stockage en béton, électrolyse...). Je parle un peu de l'électrolyse dans le chapitre sur « Mes transports » mais je ne rentre pas vivement dans le sujet. Pour plus de renseignements, je vous conseille une vidéo sur la chaîne Youtube de « Le réveilleur »[5].

Que ce soit pour les pays développés ou émergents, la croissance verte (installation d'énergies renouvelables) est une étape indispensable dans la transition énergétique actuelle mais ne constitue qu'une étape dans le changement de dogme qui va advenir. Ce n'est pas seulement d'écologie dont il est question. Il est question de changement de système économique, de répartitions des richesses et d'équité mondiale.
Pour les pays émergents il sera peut-être plus facile de vivre la transition énergétique car ils ont moins de dépendance au pétrole que nous avons nous, pays industrialisés. Voici un graphique de l'empreinte carbone dans le monde[6] :

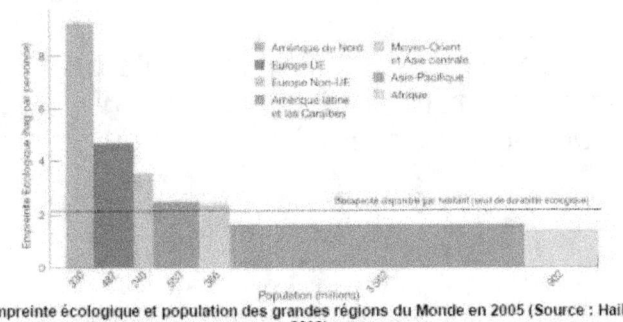

Empreinte écologique et population des grandes régions du Monde en 2005 (Source : Hails, 2008)

On constate effectivement que l'Afrique, d'une population trois fois plus élevée que l'Amérique du Nord, a une empreinte écologique huit fois moins importante qu'eux. Cela vient du fait que l'Afrique utilise moins de ressources naturelles qu'un Américain.

Vous présenter ce graphique n'indique pas qu'il est préférable de vivre comme un habitant Africain, il est indéniable que de nombreux pays en Afrique et ailleurs ont besoin de plus de moyens et d'infrastructures, pour leur habitat, leur santé... et cela engendre forcément une augmentation de l'empreinte carbone (bien que celle-ci puisse être maîtrisée par des énergies renouvelables et une façon de vivre différente de la vie occidentale).

Néanmoins l'importante empreinte écologique américaine vient de leur consommation accrue de viande. Ils en consomment 100 kg par personne et par an[7], contre 66 kg en France[8]. Et cette tendance est en augmentation. La fréquentation des fast-foods est aussi une tendance Américaine, et 40% des Américains sont obèses[9]. Manger de la viande : est-ce dans leur culture ou par ignorance des méfaits de l'élevage bovin sur la planète et des méfaits pour leur santé ?

Quelque soit la raison, il est temps de changer. Rappelez-vous qu'un hamburger de 219 grammes, c'est 510 kilocalories (plus que le cassoulet), 2400 litres d'eau et des additifs controversés[10]. Ces changements drastiques d'un point de vue alimentaire font qu'aujourd'hui, nous avons des gênes qui nous poussent à manger au-delà de notre faim[11].

Comment mesure t-on l'empreinte carbone ? En fonction des habitudes alimentaires, des habitudes de transport, des logements et de leur isolation.

Donald – « Ne penser qu'à nous, à nos plaisirs et négliger les générations futures fait parti de notre cerveau »

Vrai mais…
Parlons un peu de neurosciences. Les humains, du tout premier sur Terre, jusqu'à aujourd'hui, sont régis (ou si j'ose dire « manipulés à leur insu ») par le striatum, aussi appelé système de récompense, une partie de leur cerveau qui recherche le plaisir immédiat sans faire de concession. Notre cerveau est configuré pour en vouloir toujours d'avantage, même quand les besoins sont satisfaits. Les êtres humains se satisfont rarement de ce qu'ils ont déjà mais leur seule satisfaction est le « toujours plus ». Le désir est insatiable. Aussitôt qu'il meurt il laisse la place à un autre. *Le bienfait immédiat et la bouffée d'euphorie ressentis par la satisfaction d'un désir sont l'unique moteur d'une action. Nous ne nous préoccupons pas de savoir si notre geste aura un impact sur les générations futures, notre striatum n'a ni de notion temporelle, ni de rationalité. Ainsi, pour lui, nos seuls préoccupations sont : nous nourrir, nous reproduire, acquérir du pouvoir et du statut social.*

Ainsi se rencontrent l'économie et les neurosciences : Capitalisme et striatum sont très bons copains : *les fast-foods, sites pornographiques, réseaux sociaux, jeux en ligne, applications, objets high-tech à changer tous les ans… dirigent le monde car ils font gagner de l'argent en activant le système de récompense. C'est aussi ce système qui s'active lors de dépendance (cigarette, drogue, alcool, casinos de jeux...).*

Sébastien Bohler, docteur en neurosciences et rédacteur en chef du magazine *Cerveau & Psycho*, a écrit un livre qui a changé ma vision de la vie : « le bug humain ; pourquoi notre cerveau nous pousse à détruire la planète et comment l'en empêcher »[12]. Ce livre est riche d'expérimentations scientifiques, l'auteur en a fait une synthèse permettant d'expliquer avec brio pourquoi notre cerveau risque de causer la perte de l'humanité. Je vous le conseille vivement pour davantage d'explications.

Le système de récompense ne vit qu'à l'instant présent. Néanmoins, nous sommes aussi dotés de l'aire frontale, réflexive et anticipatrice, pour nous permettre de nous projeter à long terme.
Le cerveau est plastique, c'est-à-dire malléable. Et nous pouvons l'entraîner, par la pensée, la volonté et la réflexion, à conserver à l'esprit des objectifs importants dans l'avenir plutôt qu'une satisfaction immédiate. Comment ?
- En méditant et en ajoutant de la conscience dans nos actes au quotidien.
- En se représentant l'avenir.
- En éduquant à l'attente (dire à son enfant : « nous faisons un gâteau ensemble mais nous ne le mangerons que demain avec tes grands-parents »), plus généralement, en prenant le temps de savourer chaque instant, en ralentissant plutôt qu'en voulant tout, tout de suite.

- En décélérant. Nous vivons dans un monde d'hyperstimulation et d'hyperactivité (sms, publicités à tous les coins de rues et sur notre gps, émissions de téléréalité...) qui laissent peu de place à la possibilité de réfléchir à sa vie. Cette tendance se reflète aussi au niveau des pensées, qui fusent dans nos têtes au point de créer du stress, de l'anxiété et des burn out. Il est donc primordial de décélérer.
- En valorisant des comportements comme l'empathie, la compassion, l'altruisme, la modération, le partage, le respect de l'environnement.
- En arrêtant de se comparer et en arrêtant la course au statut social qui ne sera jamais gagnée.
- En souhaitant le bonheur plutôt que des désirs insatiables.

Ce que dit Donald est vrai mais nous avons les capacités cognitives pour apprendre à moins consommer, mieux consommer et nous projeter dans l'avenir afin d'anticiper quelles actions auront un impact positif ou négatif pour les générations futures.

<u>Donald – « Mais si nous arrêtons de consommer, pourquoi devrions-nous gagner de l'argent ? Pourquoi travailler alors ? »</u>

La productivité est importante car elle assure les bases matérielles du bonheur mais elle est un moyen et non une fin. Les bases matérielles du bonheur sont subjectives mais globalement, elles doivent nous permettre de manger, de dormir, de se vêtir et de pratiquer des loisirs avec notre communauté.

La véritable richesse de l'homme réside dans ses dimensions sociales et spirituelles plutôt que dans le matérialisme, qui répond davantage à une logique de reconnaissance sociale plutôt que de bonheur. Si nous pouvons adjoindre à notre métier ces dimensions sociales, spirituelles et respectueuses de l'environnement et de tous les êtres humains, nous avons atteint le summum.
L'ultime but n'est pas de produire, mais d'être heureux. D'autant plus que le travail au sens que nous connaissons actuellement est en train de se métamorphoser pour plusieurs raisons :

- **L'essor de l'industrie** a permis de diminuer la pénibilité physique du travail et le temps de travail grâce à des machines capables de reproduire et remplacer les capacités physiques humaines
- **L'ère des masses est révolue** : La période des trente glorieuses qui a suivi la seconde guerre mondiale a permis un accroissement important de la richesse : il fallait tout reconstruire, les états avaient besoin de main d'œuvre et d'une masse importante de travailleurs de tout horizon, l'emploi battait son plein, le niveau de vie augmentait considérablement et avec lui la croissance démographique. Sans oublier que la pilule contraceptive n'a été adoptée qu'en 1967 en France[13]. Ainsi la démographie a explosé dans les années 1950 (baby-boom 1946-1974)[14]. Le nombre de jeunes adultes en âge de travailler a donc considérablement augmenté dans les années 1980.
- **L'essor du numérique et des technologies informatiques** a permis l'envolée de l'automatisation, et avec l'arrivée de l'intelligence artificielle et de l'apprentissage automatique (machine learning), les machines ne

remplacent plus uniquement les compétences physiques des travailleurs, mais aussi leurs compétences cognitives, qu'elles apprennent grâce aux données. Le temps des travailleurs en masse post guerre mondiale est terminé, celui des travailleurs qualifiés du secteur de l'ingénierie est en cours. De nouveaux métiers font leur apparition. De nouvelles branches. La quête de sens de la vie et de sens du travail est en train de détrôner la recherche d'un emploi.

Par cette métamorphose du travail plusieurs contradictions sont apparues :
- Le retour d'une société de caste, où la place de chaque individu dans le monde est définie par le groupe social de ses parents : par exemple, les études d'ingénierie peuvent coûter chers (frais de scolarité, loyers, vie autour de l'université) et seules certaines familles peuvent payer pour leur enfant. Cette société de caste doit être contrebalancée par l'universalité de la scolarité et du savoir (ce qui sous-tend aussi l'universalité de l'accès à la connaissance) et l'égalité des chances.
- La coexistence de personnes qui travaillent trop et qui font un burn out (souvent des cadres) et à l'opposé, de personnes au chômage qui ont des difficultés à trouver un emploi : paradoxe du temps de travail
- L'accentuation de la disparité entre, d'un côté, les travailleurs qualifiés et de l'autre les travailleurs prolétaires, n'ayant pas de capital et ayant besoin d'un salaire.
- La flexibilité du travail, apparue dans le but de favoriser l'insertion professionnelle par des

assouplissements de statuts (autoentrepreneur, freelance...) présentent des lacunes car les travailleurs ne sont pas toujours bien protégés (pas d'ouverture de droit au chômage par exemple). C'est d'ailleurs en partie grâce à ce paradoxe qu'a vu le jour le revenu universel de base, qui ne viserait plus à protéger les travailleurs mais plutôt à protéger les gens.

Le futur est donc à construire sur le plan de l'emploi aussi, pour éviter de retomber dans une organisation du travail basée sur le taylorisme ou le fordisme, mais plutôt sur le recours à la coopération, à l'échange, à la mutualité et à l'intelligence collective. Personne ne sait tout mais tout le monde sait quelque chose. Collaborer permet de mettre en commun la connaissance.

Définitions rapides : Bien que taylorisme et le fordisme connaissent des différences, il s'agit globalement d'une organisation du travail où les ouvriers exécutent ce que les cadres disent (division verticale du travail), chaque ouvrier étant à un seul poste (division horizontale du travail et travail à la chaîne) afin d'augmenter la productivité individuelle et de faire baisser les coûts de production de l'entreprise.

Aujourd'hui les modèles managériaux changent : de plus en plus d'entreprises s'organisent sans hiérarchie, en laissant de plus en plus d'autonomie aux travailleurs qui coopèrent ensemble vers une même mission. Les managers ont pour rôle de faire naître au sein du groupe une intelligence collective, concept né de la psychologie sociale, qui implique que le partage de connaissances, expériences et

compétences de plusieurs individus ayant une mission commune, permet d'améliorer la performance globale d'une entreprise.
Les emplois de demain ainsi que l'organisation du travail, qu'il soit salarié, autoentrepreneur ou freelance sont à inventer, dans le but de subvenir aux bases matérielles du bonheur individuel et d'œuvrer à l'amélioration du bien commun et à la protection de notre planète et de la vie.

Donald – « Doit-on passer de la croissance à la décroissance ? A la sobriété ? »

La question à se poser est plutôt : que souhaitons-nous voir croître ? Œuvrer au développement économique et à l'augmentation des richesses nous rendra-t-il plus riches individuellement ? Cela rendra-t-il le monde meilleur et améliorera le bien commun ? Comment passer d'une croissance économique à une bonne croissance ? Depuis des décennies la richesse augmente lentement, sauf pour une élite, et les inégalités entre pays et au sein d'un pays s'accroissent. Le système libéral a permis une croissance de l'économie mondiale mais n'a pas contribué à créer la société d'opulence où chaque individu peut vivre convenablement. La société actuelle repose sur le postulat économique de la théorie du ruissellement, idéologie selon laquelle les revenus des individus les plus riches sont de nouveau introduits dans l'économie par la consommation ou l'investissement, engendrant alors des emplois dans la société et augmentant encore d'avantage l'activité économique. Les états veulent encore réduire les taux d'imposition des grandes entreprises, pensant alors que l'argent non payé à l'état par les multinationales sera réinvesti par eux dans l'agrandissement de leur entreprise

et la création d'emplois. Or les grandes entreprises utilisent leur argent à payer d'avantage les actionnaires qu'à l'investir au profit du pays et de sa population. Faudrait-il alors augmenter les taux d'imposition ? Oui, mais il y aurait un risque de délocalisation de l'entreprise dans un pays moins fiscalisé, engendrant ainsi un chômage de masse. Cette théorie du ruissellement n'est pas constamment valable, on ne constate pas nécessairement une baisse du chômage quand les impôts des sociétés diminuent[15]. L'état ne prend pas en considération ce dernier point car son seul but est de réduire le chômage en poussant les entreprises à s'installer sur le sol français (par des réductions d'impôts et des subventions).
Alors croissance ? Décroissance ? Sobriété ?

Qui ne s'est jamais posé la question de savoir si l'argent faisait le bonheur ? Qui n'a jamais accepté de travailler plus pour gagner un peu plus, quitte à moins profiter de sa famille ?
A ce jour, aucun élément concret ne peut être mis en avant pour définir le bonheur dans sa globalité. Lorsqu'il y a un accord sur ce qui rend heureux, il ne porte que sur des éléments vagues, des principes généraux tels que l'amour ou l'amitié. Le bonheur est une expérience individuelle et subjective. Il est indépendant de l'âge, du sexe, du quotient intellectuel, de l'apparence physique, du niveau d'éducation et des revenus financiers. Il se travaille, par des pensées positives et optimistes.
Pour ma part, et j'en reviens à ce que je disais précédemment, le gain d'argent doit constituer les bases matérielles pour vivre. Le temps de travail que chacun est enclin à donner par semaine est individuel. Mais le reste du

temps, n'est-il pas préférable de privilégier l'être sur l'avoir ? Le partage de moments conviviaux plutôt que la recherche du profit ou la recherche d'objets à consommer ? Le pouvoir de vivre, plutôt que le pouvoir d'acheter... La frugalité, plutôt que l'abondance.

Une fois que nous avons compris que le bonheur ne réside pas principalement dans l'accession de biens matériels mais dans le passage de l'avoir à l'être, nous mettons en place les piliers d'un monde meilleur, du monde de demain : le bien-être spirituel et émotionnel, le savoir et la créativité, l'empathie, la compassion, le soin à autrui et à l'environnement. Nous déprogrammons nos comportements de consommateurs évoluant sans cesse dans la distinction sociale pour des comportements de bonté et de bienveillance. Il y a toujours plus riche et plus puissant que soi, la quête sans fin de biens matériels est dénuée de sens.

Les entreprises aussi devraient faire le pari de la sobriété pour ne pas épuiser les ressources naturelles et matières premières ; et dans ce monde si inégalitaire, les actionnaires, l'élite et les politiques devraient œuvrer à mieux répartir les richesses pour éviter de nombreux conflits futurs liés à l'appropriation des ressources, ou l'immigration dues aux guerres et sécheresses...

Donald – « Il n'y a pas de rapport entre réchauffement climatique et inégalités mondiales »

Les pays émergents vont davantage souffrir du réchauffement climatique alors qu'ils sont les moins pollueurs :

- Les pays pauvres sont plus soumis aux risques environnementaux que les pays riches (pollutions, désordres climatiques, instabilité du prix des ressources naturelles)
- Les pays pauvres ont moins de moyens pour se prémunir face aux catastrophes naturelles
- Ils peuvent moins se préserver contre les pathologies liées à la pollution et aux catastrophes naturelles
- Dans un même pays, la hausse du prix des énergies a engendré une compression des salaires et une politique de baisse du coût du travail

Les inégalités entre pays vont évoluer de par les affirmations précédentes, mais aussi au sein d'un même pays :
- Dans un même pays, les foyers les plus pauvres doivent parfois choisir entre mettre de l'essence dans leur voiture pour aller travailler et payer leur crédit, ou payer leur facture énergétique (les familles les plus pauvres ont aussi des logements peu ou prou rénovés dont l'isolation est médiocre, ils dépensent donc plus d'énergie pour se chauffer).
- Dans un même pays, les réglementations politiques ne sont pas toujours en faveur des citoyens (protection sociale diminuée, impôts trop faibles pour les sociétés, évasion fiscale…). L'inégalité est donc due à des forces politiques autant qu'économiques. Par l'intermédiaire des impôts et des dépenses sociales, l'état corrige la distribution des revenus qui émergent du marché, lui-même modelé par la technologie et la politique. L'élite économique a fait pression pour obtenir un cadre juridique qui œuvre à son profit au détriment des autres.

- Les jeunes de la classe moyenne d'aujourd'hui sont plus pauvres que leurs parents (appauvrissement de la classe moyenne occidentale), de ce fait l'hyperconsommation ne peut pas durer (manque d'argent et manque de ressources naturelles) et il y a eu des années de déconsommation choisie. Pour maintenir la surconsommation, les états ont du s'endetter et ont incité les ménages à souscrire à des crédits à la consommation, or les risques d'endettement sont grands.

Ainsi vous voyez comment le monde de l'entreprise, les politiques, l'économie de marché, les inégalités, l'environnement et l'écologie sont liés dans un système complexe.
Il est impossible de parvenir dans le monde a une égalité parfaite de tous les habitants. Néanmoins nous devons s'approcher d'un modèle le plus équitable possible, c'est-à-dire un monde où chaque individu aurait accès aux besoins de base (alimentation, éducation, santé, protection sociale, retraite, chômage, assurance, revenu universel de base éventuellement). Mais nous sommes loin d'une entente et d'une définition mondiales des « besoins de base », indéniablement liés aux différentes cultures et modes de vie.

Pour comprendre les inégalités mondiales et vous questionnez sur les préjugés existants en matière d'économie et de répartitions des ressources au sein d'un pays et entre pays, je vous conseille vivement deux livres :

Lucas Chancel, économiste, spécialiste des inégalités et de l'environnement. *Insoutenables inégalités - Pour une justice sociale et environnementale.* Les petits matins. 12 octobre 2017. 184 pages. ISBN 978-2363832153

Joseph Stiglitz, économiste américain. *Le prix de l'inégalité.* Les Liens qui Libèrent. 510 pages. ISBN 978-2918597995

Pour comprendre le fonctionnement de l'économie dans son ensemble, je vous conseille les vidéos de Gilles Mitteau, qui devient vulgarisateur après avoir travaillé dans la finance. Sa chaîne Youtube : Heu Reka propose des vidéos pour expliquer l'économie et la finance[16].

Donald – « Le consumérisme est trop bien ancré dans nos esprits ? Nous ne pouvons pas donner à nos enfants une autre éducation que celle de l'hyperconsommation et de l'individualisme ? »

Nous avons hérité d'idéaux consuméristes avec un dogme de l'après-guerre basé sur le développement matériel, le fait d'avoir et de consommer. Et rappelez-vous, le cerveau est avide de récompenses immédiates et de dopamine. Le dogme était d'actualité en 1950 où les citoyens avaient connu le manque et ne voulaient pas que leurs enfants et petits-enfants le connaisse. Ainsi, le job de rêve, la voiture et la grande maison sont devenus des symboles de réussite. Ce dogme a permis d'élever le niveau de confort.

Aujourd'hui, ce dogme est dépassé, en partie grâce à l'essor des technologies et de la connaissance.

La vie, en dehors des périodes enfance – adolescence – adulte – senior, est scindée socialement en deux parties. La première partie va de la naissance au jeune adulte est correspond à la « phase d'apprentissage » ; la seconde partie correspond à la mise en pratique de ces apprentissages dans un emploi.

Or l'avènement d'Internet a permis un bouleversement de ce schéma grâce à l'accès instantané et illimité à l'information, et la mise en réseau des citoyens du monde et. L'évolution de la technologie rendra le modèle apprentissage – travail obsolète, engendrant de moins en moins de continuité entre les différentes périodes de l'existence. Le monde bouge rapidement et se complexifie, il est alors inévitable de devoir se réinventer. Une personne ayant été formé à un métier se retrouvera peut-être mise sur le banc par des technologies remplaçant son métier. Elle devra alors se réinventer, se reformer, et la question de l'identité (qui suis-je) sera alors plus complexe que jamais. D'autant plus que l'urgence de travailler pour manger, qui fait déjà partie de nos vies actuelles et devrait se renforcer d'avantage dans les décennies à venir du fait de l'augmentation des inégalités, ne laisse pas ou peu la place à la réflexion quant aux domaines qui nous passionnent ou à la créativité.
Un chômeur doit trouver du travail, point barre. Où est donc la place de sa créativité et de sa réflexion intérieure qui pourraient ouvrir le champ à l'innovation ? Il est grand temps de prendre le temps et de réfléchir : que voulons-

nous faire de nos vies, quelle est mon identité sur cette planète ? L'urgence de l'argent a pris le pas sur l'urgence de réfléchir sur soi et sur son identité profonde. Le revenu universel pourrait à l'avenir être un moyen de prendre le temps d'apprendre sur soi pour se former sur ce qui nous plaît vraiment et qui est en rapport avec nos valeurs.
Nous ne savons pas à quoi ressembleront le monde et le marché du travail en 2050. De ce fait nous ne savons pas ce qu'il faut inculquer à nos enfants au niveau de l'éducation. Le modèle éducatif actuel, qui repose sur trop d'informations à encaisser et à synthétiser ne permet pas d'avoir une vision d'ensemble ; les matières sont enseignées indépendamment les unes des autres.
L'enseignement devrait davantage se focaliser sur la synthèse entre les différents savoirs, et indiquer comment l'histoire, la science, les technologies... sont entrelacées.

Eduquer, c'est apprendre à savoir comment penser plutôt que quoi penser.
L'émergence de l'intelligence collective est un des piliers du nouveau monde qui éclot. Demain, la réussite individuelle sera nécessairement et intimement liée à la réussite collective.
Des personnes qui collaborent, ce sont des personnes qui ont des valeurs identiques et qui œuvrent au bon déroulement de leur mission commune.
Par exemple, la méthode Montessori, créée par Maria Montessori, favorise la collaboration des enfants et l'apprentissage mutuel, ce sont les plus grands (où ceux qui savent réaliser une activité), guidés si nécessaires par l'éducateur, qui montrent l'exemple aux novices et

apprennent à expliquer le fonctionnement de l'activité. Ainsi se développe la sociabilité et l'entraide.
De plus en plus d'écoles, qu'elles soient d'aspiration Montessori ou autre, fonctionnent sur la coopération et l'intelligence collective, source d'enrichissement et de créativité.
Plus récemment encore, Céline Alvarez, linguiste, conférencière est auteur, propose une démarche éducative basée sur les sciences du développement humain qui donnent les grandes lois universelles qui régissent l'apprentissage et l'épanouissement harmonieux de l'être humain. L'enfant apprend de façon autonome, au sein d'un environnement riche et sécurisant, et est guidé par des accompagnants bienveillants[17][18].
Selon Philippe Meirieu, spécialiste des sciences de l'éducation et de la pédagogie, il est important de décélérer, de différer une action/décision pour la nourrir par la réflexion et la culture[19][20]. On retrouve là le principe du striatum (pulsion, immédiateté) contre l'aire frontale (anticipatrice et réflexive).
De ce fait, la créativité, la pensée critique, la coopération et la communication seront les piliers de demain dans le système éducatif (les fameux 4C que Jérémy Lamri, Docteur en Sciences Cognitives, développe dans son livre « Les compétences du 21e siècle - Comment faire la différence ? Créativité, Communication, Esprit Critique, Coopération »)[21]. En effet, l'accès à la connaissance, la mise en réseau des individus et la libération du temps de réflexion (grâce à l'industrialisation et à la technologie, nous n'avons plus besoin de prendre du temps faire diverses tâches, comme la vaisselle, nous avons donc plus de temps pour utiliser notre cerveau) ont permis au monde

de se complexifier. Le monde étant de plus en plus difficile à suivre et à comprendre, il est nécessaire d'élaborer une pensée critique analytique, de trouver des méthodes et solutions nouvelles pour appréhender le monde différemment et de travailler en synergie[22].

Afin d'étudier la scolarité dans les pays émergents, Esther Duflo, économiste et créatrice du laboratoire d'actions contre la pauvreté[23], a mis en place avec des ONG locales des programmes de scolarisation dans les pays émergents. Après plusieurs années, le constat est le suivant : les enfants scolarisés apprennent peu de choses. Plusieurs questions se sont alors posées : les enfants ne veulent-ils ou ne peuvent-ils pas apprendre ? Les enseignants ne sont pas assez payés ou sont trop paresseux ? La malnutrition entraîne des difficultés d'apprentissage ?
Aucune de ces réponses n'est exacte. Les raisons des difficultés de scolarité rencontrées dans les pays émergents sont complexes mais un point principal revient : celui de la tyrannie des programmes, trop intenses, qui entraîne des décrochages scolaires. Ça ne vous rappelle pas nos pays industrialisés ? Finir les programmes est la priorité, parfois au détriment d'élèves dont l'assimilation d'informations est moins rapide et dont le trop d'informations paralysent, mais qui pourraient, avec un peu plus de temps et de travail, devenir les scientifiques ou politiciens de demain. La concentration se fait alors sur les élèves près à suivre le rythme, le système éducatif engendre indirectement la création d'une élite. Les enseignants, qui donnent le meilleur d'eux-mêmes, ne peuvent pas gérer les programmes globaux et les particularités individuelles de chaque élève, et ce, quel que soit le pays de référence.

Pour davantage d'informations sur les problèmes liés à la pauvreté dans le monde (éducation, santé, politique...) et les solutions à chaun d'eux, je vous conseille le livre d'Esther Duflo et Abhijit V. Banerjee, *Repenser la pauvreté*[24]. Pour ma part, ce livre a infirmé de nombreux préjugés que j'avais au sujet des raisons de la pauvreté dans le monde.

Dans son livre « Drawdown, comment inverser le cours du changement climatique »[25], Paul Hawken, auteur et environnementaliste américain, affirme que l'éducation des filles dès le plus jeune âge et d'une scolarisation complète, permettrait de réduire drastiquement les émissions de gaz à effet de serre. En lisant le livre, sur le moment j'ai fait la grimace car je ne voulais pas rentrer dans un débat malthusien (Doctrine de Malthus, qui préconise la limitation des naissances), mais en réalité Paul Hawken a raison. Faire des enfants pollue puisqu'ils vont devenir consommateurs. Ainsi les filles éduquées font plus d'études, choisissent leur métier, ont un meilleur salaire et choisissent le moment privilégié pour avoir des enfants plus tard que si elles n'avaient pas été à l'école. Elles ont donc globalement moins d'enfants et plus de temps à leur consacrer pour l'éducation.

Ainsi, l'éducation des enfants et adolescents doit :
- Consacrer une partie du temps à l'adaptation de l'enseignement aux niveaux d'apprentissage des élèves afin d'améliorer l'assimilation
- Expliquer le monde dans sa globalité (synthèse), car le comprendre est primordial pour que chaque élève puisse mieux appréhender les valeurs et métiers qui le

passionnent (selon moi, les bases de l'économie, des sciences sociales, ainsi que de l'anthropologie devraient être enseignées afin *d'ouvrir les esprits* des élèves dès la classe de 3ème).
- Préparer chaque étudiant à l'éventualité d'une ou plusieurs reconversions au cours de son existence du fait de l'essor exponentiel de nouvelles technologies et de l'automatisation
- Favoriser l'intelligence collective, la coopération, la pensée critique, la communication, la créativité
- Favoriser la décélération, la réflexion et l'anticipation du futur
- Freiner le décrochage scolaire
- Tenter d'individualiser chaque élève et ses particularités
- Eduquer à la sobriété, à la consommation responsable et au développement durable
- Etre universelle et gratuite

Donald – « Même si on arrête de consommer et qu'on éduque nos enfants à la sobriété, les responsables du changement climatique que sont les multinationales, les extracteurs de pétrole et les politiques continueront de produire et de créer afin que leurs économies continuent de croître ? »

Qui achètent les produits que vendent les entreprises ? Nous. Les consommateurs. Mais comme nous le savons désormais nous pouvons devenir consom-acteurs. Il n'y a pas les gentils d'un coté et les méchants de l'autre, nous sommes tous responsables (même si le degré de responsabilité d'une personne à l'autre varie) et nous pouvons tous passer de spectateurs du changement à acteur du changement. Vous n'avez plus le temps d'être pessimiste ou optimiste ; passez à l'action, ce sera bénéfique dans tous les cas. Si tout le monde s'y met, nous dépasserons peut-être les 2° de réchauffement mais si personne ne s'y met, nous dépasserons à coup sûr les degrés suffisants pour faire augmenter le niveau des océans de 6 mètres, peut-être 8.

Il est impossible d'arrêter de consommer, ne serait-ce que la nourriture que nous mangeons. C'est l'idéologie de la croissance qu'il faut remettre en cause, et l'idée erronée selon laquelle le statut sociale augmente en fonction de la richesse matérielle. Nous devons penser différemment que « faire monter le pouvoir d'achat », « augmenter notre niveau de vie », « être aussi riche matériellement que le voisin », « augmenter notre statut social ». Entre croissance économique et stabilité écologique, le choix des politiques et patrons est toujours celui de la croissance.
L'économie est en train de se métamorphoser progressivement (monnaie virtuelle, monnaie locale, échange de services...), d'autant plus qu'avec la crise économique de 2008, les citoyens et investisseurs ont de plus en plus peur des spéculations et des fluctuations monétaires. L'euro et le dollar peuvent s'effondrer à tout moment.
Nous devons consommer mieux, et moins. En consommant différemment, les entreprises qui créent ce que nous mangeons, ce que nous portons comme vêtements, ce que nous utilisons comme technologie etc... n'aurons d'autres choix que de s'adapter à ce monde qui change.
Les produits doivent être repensés « du berceau au berceau » plutôt que « du berceau au tombeau », l'énergie

consommée lors de la fabrication d'un produit et de sa mort (ça s'appelle l'énergie grise) doit être prise en compte ; l'usage de l'objet doit être intégré (ça s'appelle l'économie de fonctionnalité, c'est-à-dire le fait de payer pour l'usage d'un objet plutôt que l'objet lui-même) ; le devenir de cet objet une fois inutilisable doit être pensé dès sa fabrication par le designer afin que l'intégralité de ses éléments puissent être recyclée ou réutilisée (ça s'appelle l'écoconception). Les entreprises doivent désormais repenser le produit de sa fabrication à sa mort et en être responsable durant toute sa durée de vie.

Le XXIème siècle sera un nouveau monde : un monde où le travail est vécu comme expression de soi et de ses talents au service du bien commun. Servir l'intérêt général est la priorité d'aujourd'hui. L'économie doit travailler dans ce sens : le profit ne doit plus être une fin en soi mais le moyen d'œuvrer pour le bien commun. C'est ce à quoi s'attache la Responsabilité Sociale des Entreprises et les Investissements socialement responsables (ou Impact Investing).
L'économie sociale et solidaire repose sur un but autre que le partage des bénéfices, une gouvernance démocratique et des bénéfices majoritairement consacrés au développement de l'entreprise[26].

Très progressivement, l'économie capitaliste se métamorphose au profit d'une autre économie expérimentale et des mesures concrètes sont mises en place dans des entreprises qui se soucient de plus en plus de leur impact sur la planète. Certaines d'entre elles mettent en place des projets d'*Insetting* (« compensation à

l'intérieur ») et de *offsetting* (compenser le carbone à l'extérieur de la filière). Par exemple, Pur Projet[27], instauré par Tristan Lecomte, un entrepreneur engagé, accompagne les entreprises dans leur démarche de prise en compte des écosystèmes dont elles dépendent, de l'intégration des enjeux à la régénération du capital naturel, notamment par des projet d'agroécologie en partenariat avec de petites et grandes entreprises.
Ainsi, chacun peut améliorer les pratiques : au sein de son foyer, de son entreprise, de son pays. Le principe du réseau permet de connecter toutes les bonnes initiatives entre elles et de les développer.

Donald – « C'est un peu une nouvelle mode d'être écolo non ? »

Si ça peut être une mode pour faire changer les mentalités vers une monde meilleur tant mieux, du moment que les effets positifs sont là. Par contre, le futur lointain est difficilement palpable pour tout le monde. Il est déjà difficile de se projeter à un an dans sa vie personnelle, imaginer se projeter à 10/20 ans ? Difficile mais nécessaire. Et l'être humain est doté d'un cerveau et d'une aire frontale dont le but est principalement le raisonnement et l'anticipation ; donc autant nous en servir. Créons alors la mode du raisonnement pour un monde meilleur, où chaque acte prendrait en compte l'environnement et la société. Ne faisons de mal ni à la planète, ni aux êtres humains, animaux et végétaux qui y habitent et s'y côtoient. Créons la mode du respect, du partage, du collectif, de la connaissance du monde et de la nature. Ce serait tellement plus agréable que la mode de l'individualisme, de la téléréalité et des conflits entre voisins... Commencez ! Commencez sans les « oui mais », ayez confiance, suivez le vent du changement avant de vous retrouver à la traîne quand celui-ci aura pris tellement d'ampleur qu'il rasera tout sur son passage. Et parlez-en, à vos proches, à vos voisins, n'ayez pas peur de dire que vous compostez, que vous ne mangez plus de viandes, que vous avez vendu votre voiture pour un vélo électrique et une carte d'abonnement de bus... Au pire que peuvent-ils se dire ? Montrez l'exemple autour de vous car, comme dirait Gandhi : « L'exemple n'est pas le meilleur moyen de convaincre, c'est le seul »[28]

Je vous donne un exemple tout bête. Il y a trois ans, une amie m'a dit que sa sœur avait arrêté de manger du bœuf depuis deux ans. Sur le moment je me suis dit que c'était ridicule, pourquoi se priver d'un produit qui, de toute façon, sera proposé en magasin. Dans ma tête, je me disais, ce n'est pas parce qu'elle ne mange plus de steacks hâchés de bœuf que les multinationales vont arrêter d'en fabriquer. En réalité c'est elle qui a raison. Elle et les millions d'autres personnes, qui forment un réseau invisible et pourtant très puissant. Nous ne savons pas qui ne mange plus de viandes, qui compost, qui change (ou alors nous le savons à l'échelle de notre quartier tout au plus) mais nous constatons de plus en plus de réseaux, de mouvements... qui se mettent en place pour dire « haut et fort » ce qu'ils font. Et là on se rend compte qu'on n'est plus seul. Que les principes qu'on a mis en place individuellement, sont en réalité collectivement accomplis et que les impacts à l'échelle mondiale portent leurs fruits.

Vous n'êtes toujours pas convaincus ? Voici quelques exemples :
- Le mouvement colibris[29], lancé en 2007 et qui compte 329 000 suiveurs
- L'application Yuka[30], née de l'idée d'un père de famille, lancée en 2017, (description Yuka) et qui a été téléchargé plus de 5 millions de fois

Je reviendrais sur de nombreux exemples de mouvements à suivre pour changer le monde et changer sa vie, car croyez-moi, adopter un mode de vie différent, en respectant la planète, son voisin et soi-même, ça fait un bien fou ! Et je lance un pari fou : je suis persuadée que se reconnecter à notre Terre et à l'Humanité réduirait le nombre de dépression, qui touche actuellement 1 personne sur 20 dans le monde (sur 7 milliards d'humains, 350 millions de personnes souffrent de dépression dans le monde[31]). Je ne parle pas d'aller en forêt pour prendre un arbre dans ses bras. Se reconnecter à la Terre, c'est simplement la prendre en considération dans chaque acte que nous faisons. Et prendre l'Humain en considération, car nous sommes tous reliés.

<u>Donald – « Le problème vient principalement des énergies fossiles ? Mais les gouvernements ont annoncé qu'ils allaient réduire les émissions de CO2 dans leur pays, le problème est donc résolu ? »</u>

80% de l'énergie consommée dans le monde est constituée de combustibles fossiles[32] (gaz, charbon, pétrole) et le CO2 constitue l'essentiel de nos émissions de gaz à effet de serre. Quand un gouvernement annonce qu'il va réduire ses émissions de CO2, c'est uniquement à l'intérieur d'un pays, or il faudrait prendre en compte l'intégralité du parcours des objets, l'ensemble des émissions pour avoir un impact réel et mondial. Peut-on alors compter sur les politiques et gouvernements pour faire avancer les choses ? Je pense que oui, mais pas à la vitesse nécessaire pour limiter le réchauffement à des degrés raisonnables. Voilà pourquoi il est essentiel que nous soyons tous, individuellement, le changement que nous voulons voir dans le monde[33].

<u>Donald – « J'ai du mal à saisir l'ampleur du problème, puis c'est tellement complexe, mondial, lié... que je ne vois pas ce que je pourrais faire moi »</u>

Pour ce qui est des actes à mettre en place, nous y sommes presque. Avant, voici quelques informations primordiales qui vont faire pencher la balance du côté de l'action.

Au niveau des inégalités :

« Depuis trois décennies, les bas salaires (des 90% inférieurs) n'ont augmenté que de 15% environ tandis que les salaires des membres du 1% supérieur (de la population) se sont accrus de prêt de 150% »[34].

Les coûts des catastrophes naturelles ont triplé depuis 20 ans[35]. En 2018, 60 millions de personnes ont été affecté par des catastrophes naturelles[36] (par la sécheresse en grande partie).

Au niveau des ressources naturelles :

Les questionnements de Donald

Une nouvelle folie vient de voir le jour pour remplacer le pétrole qui devient rare et difficile à extraire :
Le méthane est un gaz à effet de serre 25 fois supérieur au CO_2[37], et pourtant, il fait parti des hydrocarbures qu'on tente d'extraire aujourd'hui (hydrate de méthane fond des océans). Comme il y a beaucoup plus d'hydrates de méthane que de pétrole dans le monde, c'est une nouvelle voie. Mais très dangereuse en terme d'écologie et de stabilité des fonds océaniques[38].

97 millions de barils de pétrole sont fabriqués par jour dans le monde[39]

Au niveau numérique :

Produire un smartphone relâche entre 50 et 100kg de co2 dans l'atmosphère[40].

Nos balades numériques engloutissent déjà 10 % de l'électricité mondiale[41].

Au niveau de l'agriculture, l'alimentation et le gaspillage :

Les 3/4 des terres agricoles du monde sont accaparés par le bétail et les nourritures pour animaux[42].

La fabrication d'un kilogramme de viande bovine équivaut à 79 kilomètres en voiture[43]

« Dans les années 40, avec une calorie d'énergie fossile on savait produire 2,4 calories alimentaires ; aujourd'hui il faut

7 à 10 calories fossiles pour générer une seule calorie alimentaire. On a donc divisé par 25 notre efficacité énergétique, ce qui est d'après moi une véritable insulte à l'intelligence humaine pour une société qui se dit développée »[44]

Un tiers de la nourriture cultivée ou transformée n'arrive pas jusqu'à nos assiettes[45].

La nourriture que nous gaspillons émet 8 % des émissions totales de gaz à effet de serre[46].

Au niveau de la santé :

En 2016, l'Organisation mondiale de la santé livrait un rapport selon lequel on meurt plus sur Terre aujourd'hui de suralimentation que de dénutrition[47].

13 % de la population mondiale est obèse[48]. 11% n'a pas assez à manger[49].

Au niveau météorologique :

A l'heure où j'écris ce livre, un record absolu de chaleur a été annoncé ce 17 Juillet 2019 : 21° au lieu de 4° habituel pour la même période dans la ville d'Alert au Canada[50]. La blague est de très mauvais goût mais ça sonne comme un cri d'alerte non ?

A retenir :

L'anthropocène est responsable du réchauffement climatique, notamment par l'extraction et l'utilisation des énergies fossiles.
Tous les pays sont dans le même bateau face à la crise écologique mais tous n'ont pas la même empreinte écologique.
Manger de la viande a un impact très important sur le réchauffement climatique.
Les énergies renouvelables ne permettent pas actuellement un rendement suffisant pour remplacer la totalité des machines nécessitant de l'électricité dans le monde et reste encore coûteuse, voilà pourquoi la transition énergétique est lente.
Faire de l'écologie, c'est changer l'économie mondiale et le système entier.

---

[1] EUROPE 1. *Pourquoi le réchauffement climatique accentue-t-il les vagues de froid ?* [en ligne]. 28 décembre 2017 [consulté le 28 octobre 2019] Disponible sur : https://www.europe1.fr/sciences/pourquoi-le-rechauffement-climatique-accentue-t-il-les-vagues-de-froid-3532115

[2] LE JOURNAL DE MONTREAL. *Sécheresse en Afrique australe : 45 millions de personnes menacées d'insécurité alimentaire* [en ligne]. 31 octobre 2019 [consulté le 31 octobre 2019] Disponible sur : https://www.journaldemontreal.com/2019/10/31/secheresse-en-afrique-australe-45-millions-de-personnes-menacees-dinsecurite-alimentaire

[3] LE PARISIEN. *En 2015, un décès sur six était lié à la pollution* [en ligne]. 20 octobre 2017 [consulté le 31 octobre 2019] Disponible sur : http://www.leparisien.fr/environnement/en-2015-un-deces-sur-six-etait-lie-a-la-pollution-20-10-2017-7344921.php

[4] M. BRAUNGART, W. MCDONOUGH. *Cradle to cradle. Créer et recycler à l'infini.* Alternatives. 24 février 2011. 240 pages. ISBN 978-2862276724

[5] LE REVEILLEUR. *Stockage de l'énergie sous forme mécanique: STEP, volant d'inertie et air comprimé - Énergie#7* [vidéo en ligne]. Janvier 2019. 39 minutes. Consulté le 28 octobre 2019 sur : https://www.youtube.com/watch?v=ECXJ5rTNi74

[6]
http://urbalat.alkante.com/upload/gedit/11/file/Doc_etude_endiguer/doc%20phase%203/module%20n%C2%B01_&_commentaires.pdf

[7] LA FRANCE AGRICOLE. *Bientôt plus de 100 kg de viande par américain* [en ligne]. 11 Janvier 2018 [consulté le 28 octobre 2019]. Disponible sur : http://www.lafranceagricole.fr/actualites/elevage/consommation-bientot-plus-de-100-kg-de-viande-par-americain-1,2,2702448093.html

[8] PLANETOSCOPE. *La consommation de viande en France* [en ligne]. 2018 [consulté le 28 octobre 2019]. Disponible sur : https://www.planetoscope.com/elevage-viande/1587-consommation-de-viande-en-france.html

[9] LE TEMPS. *Les américains continuent de grossir* [en ligne]. 26 mars 2018 [consulté le 31 octobre 2019] Disponible sur : https://www.letemps.ch/sciences/americains-continuent-grossir

[10] CONSOGLOBE. *Le big mac, bombe calorique* [en ligne]. Emma, 20 Juin 2013 [consulté le 28 octobre 2019]. Disponible sur :
https://www.consoglobe.com/big-mac-bombe-calorique-cg

[11] SEBASTIEN BOHLER. On est foutus on mange trop, la grande bouffe. In *Le bug humain*. Robert Laffont. Février 2019. P.52. ISBN 978-2-221-24010-6

[12] SEBASTIEN BOHLER. *Le bug humain. Pourquoi notre cerveau nous pousse à détruire la planète et comment l'en empêcher*. Robert Laffont. Février 2019. 267 pages. ISBN 978-2-221-24010-6

[13] ASSEMBLEE NATIONALE. *1967, la pilule devient légale* [en ligne]. [consulté le 28 octobre 2019]. Disponible sur :
http://www.assemblee-nationale.fr/13/evenements/1967_legalisation_pilule/

[14] WIKIPEDIA. *Baby boom* [en ligne]. 10 octobre 2019 [consulté le 28 octobre 2019]. Disponible sur :
https://fr.wikipedia.org/wiki/Baby_boom

[15] FOND MONETAIRE INTERNATIONAL. *La croissance créatrice d'emplois : Un nouveau regard sur une relation ancienne* [en ligne]. IMFdirect, 9 novembre 2016 [consulté le 28 octobre 2019]. Disponible sur :
https://www.imf.org/external/french/np/blog/2016/110916f.htm

[16] Youtube Heu ?Reka, de Gilles Mitteau
https://www.youtube.com/results?search_query=heu+reka

[17] CELINE ALVAREZ. Les lois naturelles de l'enfant [en ligne]. [consulté le 28 octobre 2019]. Disponible sur :
https://www.celinealvarez.org/

[18] CELINE ALVAREZ. *Les lois naturelles de l'enfant*. Les arènes. 31 Août 2016. 448 pages. ISBN 978-2352045502

[19] UNIVERSITE BRETAGNE SUD. *Planète-conférences - Quelle pédagogie pour répondre aux défis d'aujourd'hui ?* [en ligne]. Philippe Meirieu. 26 avril 2018 [consulté le 28 octobre 2019]. 1 vidéo. 2h20. Disponible sur :
https://www.youtube.com/watch?v=bpKR-TkZFjk

[20] EDUCATION PARENTS PROF. *Conférence de Philippe Meirieu " De l'enfant-consommateur à l'enfant-citoyen : quelle éducation? "* [en ligne]. 28 Septembre 2013 [consulté le 28 octobre 2019]. 1 vidéo. 1h50. Disponible sur :
https://www.youtube.com/watch?v=HY7EgaEarew

[21] JEREMY LAMRI. *Les compétences du 21e siècle - Comment faire la différence ? Créativité, Communication, Esprit Crit: Comment faire la différence ? Créativité, Communication, Esprit Critique, Coopération.* Dunod. 24 octobre 2018. 224 pages. ISBN 978-2100781454

[22] WIKISTAGE. *Quelles sont les compétences indispensables au XXI ème siècle? Jeremy LAMRI- WikiStage ANAJ – IHEDN* [en ligne]. 19 février 2016 [consulté le 28 octobre 2018]. 1 vidéo. 7 minutes. Disponible sur :
https://www.youtube.com/watch?v=-dx_c2Yn1Xw

[23] LABORATOIRE D'ACTIONS CONTRE LA PAUVRETE J-PAL. https://www.povertyactionlab.org/fr

[24] E. DUFLO, Abhijit V. Banerjee. *Repenser la pauvreté*. Le seuil. 16 Octobre 2019. 406 pages.

[25] PAUL HAWKEN. *Drawdown : Comment inverser le cours du réchauffement planétaire*. Actes Sud Edition. 16 mai 2018. 580 pages. ISBN 978-2330096137

[26] BPI France. *Les structures de l'économie sociale et solidaire* [en ligne]. Février 2017 [consulté le 28 octobre 2018]. Disponible sur :
https://bpifrance-creation.fr/encyclopedie/structures-juridiques/entreprendre-less/structures-leconomie-sociale-solidaire-ess

[27] PUR PROJET
https://www.purprojet.com/

[28] GANDHI. « L'exemple n'est pas le seul moyen de convaincre, c'est le seul. »
 https://www.evolution-101.com/pensees-sur-lexemple/

[29] COLIBRIS LE MOUVEMENT
https://www.colibris-lemouvement.org/

[30] YUKA
https://yuka.io/

[31] FEDERATION POUR LA RECHERCHE SUR LE CERVEAU. *La dépression* [en ligne]. Marie-Joseph Roule, Afsaneh Gaillard. [consulté le 28 octobre 2019]. Disponible sur :
 https://www.frcneurodon.org/la-depression/

[32] GEO. *Les énergies fossiles* [en ligne]. Blaise Mao, 19 juin 2012. [consulté le 28 octobre 2019]. Disponible sur :
https://www.geo.fr/environnement/energie-fossile-gaz-petrole-charbon-44252

[33] GANDHI. « Soyons le changement que nous voulons voir dans le monde »
https://www.lexpress.fr/actualite/societe/environnement/soyons-le-changement-que-nous-voulons-voir-dans-le-monde_854046.html

[34] J.SPIGLITZ. La marée montante qui n'a pas soulevé tous les bateaux. Un instantané de l'inégalité aux Etats-Unis. In *Le prix de l'inégalité*. Les liens qui libèrent. 510 pages. ISBN 978-2918597995

[35] LEFIGARO. *Climat: le coût des catastrophes a presque triplé en 20 ans (ONU)* [en ligne]. 10 octobre 2018 [consulté le 28 octobre 2019]. Disponible sur : https://www.lefigaro.fr/flash-eco/2018/10/10/97002-20181010FILWWW00199-climat-le-cout-des-catastrophes-a-presque-triple-en-20-ans-onu.php

[36] ONU INFO. *Plus de 10.000 décès et 61 millions de personnes touchées par des catastrophes naturelles en 2018 (ONU)* [en ligne]. 24 janvier 219 [consulté le 28 octobre 2019]. Disponible sur : https://news.un.org/fr/story/2019/01/1034692

[37] FUTURA PLANETE. *Gaz à effet de serre : CO2 ou méthane, quel est le pire ?* [en ligne]. [consulté le 28 octobre 2019]. Disponible sur : https://www.futura-sciences.com/planete/questions-reponses/rechauffement-climatique-gaz-effet-serre-co2-methane-pire-565/

[38] IFREMER. *Hydrates de gaz : danger pour notre avenir ?* [en ligne]. 8 novembre 2016 [consulté le 28 octobre 2019]. 1 vidéo. 4 minutes. Disponible sur : https://www.youtube.com/watch?v=HA1ikuTisH8

[39] PLANETOSCOPE. *La consommation mondiale de pétrole* [en ligne]. [consulté le 28 octobre 2019]. Disponible sur : https://www.planetoscope.com/petrole/209-consommation-mondiale-de-petrole.html

[40] NOUVELOBS. *En regardant cette vidéo, vous avez déjà généré trop de CO2* [en ligne]. Mahaut Landaz, 10 septembre 2019. [consulté le 28 octobre 2019]. Disponible sur :
https://www.nouvelobs.com/planete/20190910.OBS18215/en-regardant-cette-video-vous-avez-deja-genere-trop-de-co2.html

[41] LEJOURNAL CNRS. *Numérique : le grand gâchis énergétique* [en ligne]. Laura Cailloce, 16 mai 2018 [consulté le 28 octobre 2019]. Disponible sur :
https://lejournal.cnrs.fr/articles/numerique-le-grand-gachis-energetique

[42] JOURNAL DE L'ENVIRONNEMENT. *71% des terres agricoles européennes servent à nourrir le bétail* [en ligne]. Stéphanie Senet, 12 février 2019 [consulté le 28 octobre 2019]. Disponible sur :
http://www.journaldelenvironnement.net/article/71-des-terres-agricoles-europeennes-servent-a-nourrir-le-betail,96115

[43] CONSOGLOBE ENCYCLO ECOLO. Viande [en ligne]. Consulté le 28 octobre 2019. Disponible sur :
https://www.encyclo-ecolo.com/Viande

[44] SOCIALTER. *Maxime de Rostolan (fermes agroéologiques et permaculture, fermesdavenir.org) : "l'agriculture industrielle coûte bien plus cher à la société que le bio"* [en ligne]. 2 février 2018 [consulté le 28 octobre 2019]. Disponible sur :
http://www.socialter.fr/fr/module/99999672/594/maxime_de_rostolan_qlagriculture_industrielle_cote_bien_plus_cher__la_socit_que_le_bioq

[45] NOTRE PLANETE. *Un tiers de la nourriture est gaspillée ou perdue tous les ans dans le monde* [en ligne]. 6 février 2013 [consulté le 28 octobre 2019]. Disponible sur : https://www.notre-planete.info/actualites/3642-gaspillage_alimentaire_monde

[46] EUROPE 1. Gaspillage alimentaire : quelles conséquences pour la planète ? [en ligne]. 2 Août 2019 [consulté le 28 octobre 2019]. Disponible sur : https://www.europe1.fr/societe/gaspillage-alimentaire-quelles-consequences-pour-la-planete-3912664

[47] FUTURA SCIENCES. *L'obésité tue trois fois plus que la fin dans le monde* [en ligne]. Janlou Chaput, 22 décembre 2012 [consulté le 28 octobre 2019]. Disponible sur : https://www.futura-sciences.com/sante/actualites/medecine-obesite-tue-trois-fois-plus-faim-monde-43574/

[48] ORGANISATION MONDIALE DE LA SANTE. *Obésité et surpoids* [en ligne]. 16 février 2018 [consulté le 28 octobre 2019]. Disponible sur : https://www.who.int/fr/news-room/fact-sheets/detail/obesity-and-overweight

[49] ORGANISATION DES NATIONS UNIS PUR L'ALIMENTATION ET L'AGRICULTURE. *La faim dans le monde progresse de nouveau, mue par les conflits et le changement climatique, selon le dernier rapport des Nations Unies* [en ligne]. Consulté le 28 octobre 2019. Disponible sur : http://www.fao.org/news/story/fr/item/1037322/icode/

[50] NOUVELOBS. *21 °C ! Record de chaleur absolu dans le lieu habité le plus proche du pôle Nord* [en ligne]. 17 juillet 2019 [consulté le 28 octobre 2019]. Disponible sur : https://www.nouvelobs.com/planete/20190717.OBS16029/21-c-record-de-chaleur-absolu-dans-le-lieu-habite-le-plus-proche-du-pole-nord.html

LES SOLUTIONS

Les solutions citées dans ce livre ne sont pas exhaustives.

Mon agriculture, ma Terre, mes Océans

« *La terre donne assez pour les besoins de chacun mais pas pour satisfaire l'avidité de quelques-uns* » *Vandana Shiva*

<u>Pour comprendre comment cette dernière affirmation est possible, il faut comprendre le fonctionnement de l'agriculture conventionnelle actuelle (la plus répandue au monde) :</u>

Pour cultiver (des monocultures principalement), un terrain de foot est déforesté tous les sept secondes[1].
La déforestation entraîne l'érosion du sol c'est-à-dire son effondrement dû à l'absence de racines pour le maintenir. Comme il n'y a plus d'arbres la terre est moins fertile car la fertilité vient de la décomposition des feuilles des arbres. La faible fertilité oblige les fermiers à utiliser des insecticides et fertilisants pour augmenter les rendements, ce qui appauvrit davantage le sol en tuant de nombreux organismes qui été présents pour nourrir la terre. À cela s'ajoute la sécheresse car ce sont les arbres et leurs racines qui permettent à l'eau de s'enfoncer dans le sol et de nourrir les nappes phréatiques. En l'absence d'arbres, pas de racines, pas de maintien d'eau et quand il pleut cela donne des inondations où la terre est transportée ailleurs. Le manque d'eau dans la terre est contrebalancé par l'irrigation des récoltes. Nous ajoutons de l'eau au terrain agricole mais le surplus s'évapore (car peu de racines sont présentes pour absorber l'eau). En s'évaporant, l'eau engendre du sel (salinisation de la terre), créant des terres

arides, c'est-à-dire stériles, contraignant les agriculteurs à abandonner leur champ. Ainsi des déserts progressent. C'est-à-dire des terres poussiéreuses, salées, inaptes à recevoir la plupart des plantes et des animaux.
Les pratiques agricoles ont appauvri, érodé et tassé les sols, épuisé les eaux souterraines ou augmenté leur teneur en sels à la suite d'un surplus d'irrigation.

Ces cultures sont utilisées pour nourrir les humains (céréales, fruits, légumes) mais aussi et surtout le bétail et sa nourriture (en France il faut 4 fois plus de terre pour produire une calorie animale qu'une calorie végétale[2]). Pour nourrir le bétail, on déforeste et cela donne le résultat précédent. L'industrie de la viande est polluante : cela est dû à la déforestation pour les nourrir, au rejet du méthane par les bovins lors de la digestion (le méthane est un gaz à effet de serre 25 fois plus puissant que le dioxyde de carbone CO_2), aux transports des bêtes à l'abattoir, aux transports du résultat final sur nos étals de supermarché.

En plus de ces problèmes s'ajoute deux problèmes de santé publique :
- en raison des fortes demandes en viande, les industriels ont eu besoin de faire grandir les bêtes plus vite. Pour cela ils ont un élément essentiel : les antibiotiques.
L'essentiel de la consommation d'antibiotiques dans le monde a lieu dans l'élevage animalier. Et cette utilisation massive a favorisé l'émergence de nouvelles résistances qui peuvent se retrouver dans nos assiettes. Une fois ingérées, les bactéries multirésistantes présentes dans les animaux se retrouvent chez l'homme[3].

- L'Institut de cardiologie de Montréal nous indique que la consommation accrue de viande rouge, notamment de viande transformée, est associée à un risque accru de plusieurs maladies chroniques, incluant les maladies cardiovasculaires, le diabète de type 2 et certains types de cancers[4].
  Une viande transformée est une viande ou un mélange de viandes ou un produit essentiellement constitué de viande ayant subi un ou plusieurs processus ayant modifié son état initial (bannir la charcuterie)

L'agriculture est donc un enjeu de santé : au niveau des animaux que nous mangeons avec les antibiotiques, au niveau des cultures de céréales, fruits et légumes avec les pesticides, au niveau de la pollution engendrée par l'agriculture conventionnelle (déforestation, transports…), au niveau de la viande rouge transformée qui est un facteur de risques de pathologies cardiovasculaires.

Prenons un peu le large pour voir ce qui se cache dans nos océans.
Du plastique… et il ne s'y cache même pas, il est présent à des endroits tellement grands qu'un nouveau continent s'y trouve (7ème continent[5]). 15 000 bouteilles en plastique sont vendues chaque seconde dans le monde[6], imaginez-vous ? Les poissons avalent alors du plastique (les oiseaux aussi), ce même plastique se retrouve dans nos assiettes (comme si la Nature nous renvoyait le problème « eh oh c'est toi qui a fait ça, je te le rends, tu te débrouille avec ! »). Nous mangeons donc du plastique, invisible certes, mais présent quand même. Et nous ne savons pas quels seront les impacts à long terme de cette ingestion de plastique.

Les sols terrestres et leurs pesticides ont un impact sur la vie marine, il faut donc prendre soin des sols pour éviter la mort des écosystèmes marins.

Une étude menée par des chercheurs de l'université de Danemark du Sud, l'université de Californie à Berkeley et l'université Rutgers aux États-Unis montre qu'il existe un excès d'azote dans les sols et que cela a été déclenché par une augmentation de l'ordre de 800% d'engrais azoté due aux activités anthropiques pendant la période de 1960-2000. Le cycle de l'azote a donc été impacté.

60% de l'azote contenu dans les engrais ne s'incorpore jamais aux plantes et fini dans les nappes phréatiques puis les océans[7].

Cette dernière étape n'est pas sans conséquence car l'excès de nutriments entraîne l'eutrophisation de milieux aquatiques et la mort des écosystèmes par appauvrissement en oxygène. Les océans s'acidifient.

De plus, l'oxygène dans l'océan diminue du fait du réchauffement climatique. De ce fait, le nombre et la taille des poissons vont diminuer dans les années à venir. Le manque d'oxygène dans les océans va donc modifier la physiologie des poissons.

A cela s'ajoute le fait qu'on mange plus vite les poissons que ce qu'ils n'arrivent à se reproduire ; en effet la reproduction des poissons est contrecarrée par la pêche et l'acidification des océans.

La réglementation de la pêche n'est pas non plus assez stricte puisqu'on estime qu'un poisson sur quatre vient d'une pêche illégale, dont certaines utilisent encore les filets de pêche électrique qui détruisent énormément de biodiversité aquatique. Il est donc primordial de réglementer la pêche et les zones de pêche, que ce soit en littoral ou en haute mer ; et de créer davantage de bateau de surveillance. La surveillance pourrait même être réalisée par satellite.

Solutions Terre et Mer

Au lieu de relâcher du dioxyde de carbone et d'autres gaz à effet de serre dans l'atmosphère, la production agricole peut séquestrer le carbone et ainsi améliorer la fertilité et la santé des sols, la disponibilité de l'eau, les rendements, et au bout du compte la nutrition et la sécurité alimentaire.

Dans l'agriculture, il faut séquestrer le carbone dans le sol, c'est-à-dire le stocker hors de l'atmosphère. Pour cela, il existe de nombreuses techniques qui permettent de cultiver en respectant la terre et les animaux qui y vivent, tels que les vers. Même si vous n'êtes pas agriculteur, un peu de connaissances ne fera pas de mal et peut-être que vous en parlerez à quelqu'un qui fait de l'agriculture, sait-on jamais.

Le but ultime est de « conserver » l'humus, ravagé par le labour, la déforestation et les pesticides.
L'**humus** est la couche supérieure du sol créée, entretenue et modifiée par la décomposition de la matière organique, principalement par l'action combinée des animaux, des bactéries et des champignons du sol. L'humus est une matière souple et aérée, qui absorbe et retient bien l'eau. Nous verrons plus tard que le **compost** permet de créer cet humus fondamental.

Rendre au sol son carbone, c'est lui redonner la vie. Et c'est la matière organique qui stocke le carbone, permettant ainsi aux racines de s'enfoncer dans le sol, aux nutriments présents dans l'humus d'être absorbés par les végétaux, à l'eau d'être retenue, à la fertilité de se multiplier, aux plantes d'être plus résistantes aux nuisibles. Les arbres et végétaux existaient avant les humains, et ils s'en sortaient très bien tout seuls, nous avons cassé cette chaîne de la vie. Soit nous la recréons pour maintenir l'agriculture et l'espèce humaine dans les prochains siècles, soit la Nature se régénèrera d'elle-même mais sans notre espèce.

Voici quelques solutions pour sauver les sols et la biodiversité dans son ensemble. Elles sont données séparément mais peuvent être utilisées en même temps. La liste est non exhaustive.

Avec les végétaux :

Solution 1 : Gérer l'apport d'engrais et d'azote synthétique

L'azote est l'élément indispensable à la pousse de la plante. Il va être assimilé par les végétaux après transformation par des bactéries pour donner le nitrate.
Azote + bactéries = nitrates

Si le taux de nitrate est trop important, l'absorption de l'eau par la plante devient impossible entraînant la mort de la plante[8].

De plus, l'oxyde d'azote créé par les bactéries du sol à partir des engrais, a un effet presque 300 fois plus puissant que le CO2 sur le réchauffement climatique[9]. Bien que

l'azote permette aux végétaux de pousser plus vite, une mauvaise gestion de l'épandage d'engrais est rencontrée :
- Trop d'engrais synthétique utilisé par les agriculteurs qui subissent une pression importante sur leurs rendements, elle-même due en partie à la croissance démographique
- Trop de fertilisants appliqués pour se prémunir de conditions climatiques dommageables
- Epandage réalisé au mauvais moment pour éviter d'abîmer les cultures
- Trop d'utilisation d'engrais azotés en raison des subventions apportées

Il est donc urgent de gérer l'apport d'engrais, afin que celui-ci soit instillé à la bonne dose, au bon endroit, au bon moment et selon les cultures en présence, en prenant en compte l'azote déjà présent dans le sol. La formation des agriculteurs et les réglementations limitant les quantités d'engrais déversées permettront un équilibre viable pour les sols et les écosystèmes.
Cette technique de gestion des apports évite d'enrayer le problème de l'excès de nutriments et de le déplacer vers les systèmes aquatiques mais ne permet pas de séquestrer le carbone atmosphérique dans les sols. Les techniques qui vont suivre sont donc plus efficaces, mais l'une n'empêche pas l'autre.

Solution 2 : Restaurer les terres grâce à l'agriculture régénératrice :

Elle a pour objectif de restaurer les terres dégradées (et non les terres arides) grâce à une culture sans labour, une culture de couverture, le renforcement de la fertilité, peu d'utilisation de pesticides ou d'engrais de synthèse, le retour de la végétation indigène, la plantation d'arbres et des rotations culturales.

La culture de couverture a pour mission de couvrir le sol (avec une culture de seigle par exemple) mais celle-ci ne sera pas récoltée mais retournée pour remettre en circulation les éléments nutritifs qu'elle a captés, afin de redonner la structure racinaire au sol et donc sa santé et sa teneur en carbone. On sait à présent qu'il est avantageux de semer des cultures de couverture de nombreuses variétés différentes (vesce, trèfle blanc, seigle ...) chacune fournissant au sol une qualité ou un nutriment particulier. La diversité est donc de rigueur.

La rotation culturale consiste à ne pas cultiver toujours les mêmes végétaux au même endroit, afin de rompre le cycle vital des organismes nuisibles aux cultures, d'améliorer les caractéristiques physiques du sol et sa structure grâce aux différentes racines, de réduire le travail du sol et l'apport hydrique, d'ajouter de l'azote pour améliorer la qualité de la matière organique et de ce fait, améliorer la nutrition des plantes.
La fertilité peut encore s'améliorer grâce à la culture intercalaire qui consiste à faire pousser des végétaux complémentaires (comme le maïs avec les pois par exemple).

Dans les pays connaissant de fortes sécheresses, la technique du Zaï permet de « redonner vie » à la terre.

Cette technique nécessite 300 heures de travail par hectare[10], elle consiste à creuser des cuvettes avec une houe afin de capturer les eaux de ruissellement qui s'écoulent en surface. On y ajoute du compost, du fumier et des graines. Ceci permet de revitaliser la couche supérieure du sol.

Solution 3 : Conserver les terres par l'agriculture de conservation :

Il s'agit d'un ensemble de techniques culturales destinées à maintenir et améliorer le potentiel agronomique des sols, tout en conservant une production régulière et performante sur les plans technique et économique. Elle repose sur une intervention minimisée sur le sol, l'utilisation de culture de couverture et les rotations culturales. Contrairement aux pratiques régénératrices, l'agriculture de conservation peut utiliser des engrais et des pesticides synthétiques.
Elle est simple et rapide à mettre en place. La rétention d'eau rend les champs plus résistants à la sécheresse ou réduit le besoin d'irrigation. La rétention de nutriments améliore la fertilité des sols et limite le besoin d'engrais. La plupart des exploitants qui font de l'agriculture de conservation voient leurs frais diminuer et leurs rendements et revenus augmenter. Elle renforce la résilience de la terre aux phénomènes climatiques tels que les longues sécheresses et les pluies diluviennes, ce qui la rend doublement utile dans un monde en plein réchauffement.

Solution 4 : Favoriser les cultures pérennes :

Elles correspondent aux cultures qui durent plus d'un an (qui ne sont pas des cultures saisonnières ou annuelles) et présentent de nombreux avantages : prospérer dans des environnements extrêmement arides, ne pas être gourmandes en énergie, engrais et en pesticides, et quasiment aucun travail de la terre n'est nécessaire après le semis. Elles sont aussi plus résilientes et supportent bien les conditions météorologiques difficiles alors que les cultures annuelles sont plus fragiles. Les cultures pérennes sont la manière la plus efficace de capter du carbone car elles laissent les sols intacts. En effet, les annuelles meurent chaque année, racines comprises, et ne repoussent que si on replante des graines. Les racines de pérennes ne meurent pas, elles régénèrent le sol.

Le kernza pourrait être la céréale du futur, car elle permet de stocker le carbone bien plus intensément que le blé actuel. Ses racines peuvent s'enfoncer jusqu'à dix mètres dans le sol pour y puiser les nutriments nécessaires à son développement, elle peut donc pousser dans des conditions extrêmes[11]. Elle nous vient des Etats-Unis (The Land Institute) et est déjà utilisé là-bas dans les boulangeries, restaurants et pour brasser la bière. Elle pourrait être exploitée en France, néanmoins ses rendements sont encore faibles et les recherches sur cette céréale continuent[12].

Solution 5 A : Favoriser la diversité : Les jardins forêts, agroforesterie, agroécologie, permaculture :

L'avenir appartient aux villes qui auront anticipées le changement climatique en adoptant des systèmes agricoles leur permettant l'indépendance alimentaire.

Les jardins forêt sont probablement la plus ancienne forme d'utilisation des sols au monde, et le plus résistant des agroécosystèmes. L'agroforesterie imite la structure des forêts.

Ces dernières techniques, notamment la permaculture, constituent selon moi l'avenir de l'agriculture, et l'avenir de la Terre. La permaculture est une méthode systémique et globale qui vise à concevoir des systèmes en s'inspirant de l'écologie naturelle (biomimétisme ou écomimétisme). Le mode d'action prend en considération la biodiversité de chaque écosystème. La permaculture ambitionne une production agricole durable, très économe en énergie et respectueuse des êtres vivants et de leurs relations réciproques, tout en laissant à la nature « sauvage » le plus de place possible.

L'idée est de créer des cycles naturels, ainsi chaque plante, chaque animal, toute la nature travaillera d'elle-même ; la *coopération* avec la nature est le principe fondamental de la permaculture. De nombreux livres et sites internet dédiés à la permaculture vont permettre son essor dans les décennies à venir.

La culture sur butte autofertile est une technique de permaculture qui vise à recréer ce que fait la nature en empilant différentes couches de matériaux compostables dans le but de créer une abondance végétale.

Solution 5 B : Favoriser la diversité dans les villes : L'agriculture urbaine :

Technique en vogue depuis quelques années, l'agriculture urbaine (ou en ceinture autour des villes et villages) est une solution efficace pour pallier au réchauffement climatique. Ce modèle se veut écologique en terme d'espace, le moindre mètre carré est optimisé : sur des terrains vagues abandonnés, sur des toits, sur du béton, les parterres peuvent être surélevés, les plantations peuvent se faire de manière verticale dans les petits espaces. D'autres tendances voient le jour, comme les fermes urbaines, les jardins partagés. Les mairies et collectivités pourraient créer un registre des terres inutilisées pour que les citoyens plantent leurs graines, comme les Incroyables Comestibles[13] l'ont fait. Chacun se sert alors en fruits et légumes comme il l'entend. Vous avez un jardin et un trop plein de fruits et légumes ou vous souhaitez simplement partager vos récoltes ? N'hésitez pas à mettre vos produits devant chez vous, sur le trottoir, vous allez à coup sûr surprendre les passants !

L'agriculture urbaine est aussi une source d'emplois très importante, il y a tellement de bouches à nourrir !
La permaculture dans les villes apporte des produits locaux et de qualité et les aménagements de végétation urbaine contribue à rafraichir la ville l'été et permet l'absorption des eaux de pluie l'hiver. Les produits sont distribués dans les commerces alentours, ou directement auprès de l'agriculture urbaine en question, le circuit est donc court (le moins de transports possibles) et si à cela s'ajoute l'agriculture biologique et la réduction du gaspillage alimentaire, l'impact positif sur la planète est important.
La culture sur botte de paille évite l'invasion de mauvaises herbes et permet de planter ou semer directement sans avoir besoin de travailler le sol au préalable.

Solution 6 : Remettre l'arbre au cœur de la transition énergétique et réduire les désertifications :

Bien au-delà de l'agriculture pour nourrir les humains ou le bétail, aucun sol de la planète ne devrait être nu. Il faudrait planter des cultures pour protéger le sol, utiliser au mieux la photosynthèse pour séquestrer le carbone dans des prairies et planter plus de légumineuses qui nécessitent moins d'engrais azotés.

La désertification correspond à des sols trop exploités, qui s'assèchent et qui ne sont plus fertiles pour faire pousser des plantes. Ce phénomène se produit souvent aux abords des déserts, c'est pour cela que vous entendrez souvent parler « d'avancée des déserts ».

Avez-vous déjà entendu parler de la grande muraille verte ? Ce projet qui vise à planter des arbres sur 7500km de longueur et 15km de largueur sur le continent Africain ? Ce projet a vu le jour en 2008 et est en cours dans certains pays d'Afrique[14]. Ce projet permet d'éviter la sécheresse et d'aider à la culture de fruits et légumes pour nourrir les habitants.

Planter des arbres permet de créer des puits de carbone. Les puits de carbone sont des zones où le CO_2 atmosphérique est stocké par l'intermédiaire de la photosynthèse. Parmi les puits de carbone les plus efficaces on retrouve : les océans et les tourbières, des zones humides présentant une forte teneur en matière végétale[15].

Néanmoins planter des arbres ne suffirait pas à absorber l'excès de carbone atmosphérique, il faut plutôt diminuer drastiquement nos émissions de gaz à effet de serre.

Avec les animaux :

Solution 7 : Favoriser le sylvopastoralisme :

Cette technique désigne l'intégration d'arbres et de paturages (prairie où les bestiaux pâturent) dans un système d'élevage du bétail. C'est une méthode bien plus efficace que toute autre technique de pâturage : car le carbone est ainsi séquestré dans les arbres et dans l'herbe du sol, car les animaux souffrent moins de chaleur et de vents violents (abris des arbres), car le fumier des animaux est un engrais naturel permettant d'enrichir le sol. L'intégration d'arbres dans les pâturages renforce la fertilité et l'humidité des sols, les terres sont plus productives sur le long terme.

Solution 8 : Favoriser les fermes marines :

Les élevages de poissons et/ou crustacés et/ou d'algues, contrairement aux élevages d'animaux terrestres, ne rejettent pas de méthane. Et l'algoculture participe au captage du CO_2 atmosphérique.
Plus de la moitié de l'oxygène de l'air que nous respirons est produit par les océans[16], qui absorbent près de 30 % du CO_2 total produit par l'homme[17] : il est donc primordial de protéger notre monde aquatique marin. De nombreuses ONG et associations œuvrent en ce sens.

L'ONG Bloom[18] qui lutte en partie pour la pêche durable.

L'association Fabien Cousteau[19] qui replante des espèces aquatiques végétales ou animales comme des huitres, des mangroves ou des récifs coralliens dans des environnements marins dégradés

La climate foundation[20], qui œuvre au développement de la permaculture marine.

Et tant d'autres...

Solution 9 : *Favoriser la diversité marine et reproduire ce que fait la nature : L'aquaculture multitrophique intégrée* :

Cette technique est l'avenir. Il s'agit d'une culture simultanée de poissons, de mollusques et de plantes marines. En effet, les déchets des uns sont les nutriments des autres : les nutriments donnés aux poissons génèrent des déchets organiques et inorganiques dont dépendent les mollusques et les plantes marines pour croître.

Solution 10 : *Manger des vers de farine : L'agriculture d'insectes* :

En plein essor, manger des insectes (c'est rempli de protéines) pourrait devenir la norme d'ici quelques années[21]. Produire un kilo de ver de farine pollue 10 à 100 fois moins que produire un kilo de viande de porc[22]. J'ai goûté, j'ai aimé. A vous de jouer grâce à Insectes comestibles.fr[23], Jiminis.com[24]...

Divers :

Solution 11 : *Mieux gérer l'irrigation des cultures par le goutte à goutte et l'aspersion :*

L'irrigation consomme énormément d'eau douce et une grande partie de la production alimentaire mondiale dépend justement de l'irrigation. De plus pour pomper et distribuer l'eau il faut de l'énergie donc c'est source d'émission de carbone.

L'irrigation au goutte-à-goutte apporte les quantités qui permettent à la culture de prospérer. Une autre méthode consiste à récupérer les eaux de pluie ou de ruissellement et à s'en servir dans les cultures.

Les techniques d'irrigation par aspersion sont aussi très efficaces.

Dans votre jardin, installer des systèmes d'irrigation au goutte-à-goutte permet de limiter la consommation d'eau.

Solution 12 : Faire pousser les plantes sans terre : L'hydroponie :

Les plantes utilisent l'eau et les nutriments et minéraux présents pour pousser (sans terre donc). L'eau est même recyclée en circuit fermé, permettant de nombreuses économies d'eau.

Solution 12bis : Faire pousser les plantes sans terre : L'aquaponie :

Cette technique associe la culture de plantes et l'élevage de poissons. L'eau polluée par les déjections des poissons d'eau douce (uniquement) est épurée par les plantes qui s'en nourrissent pour croître, directement sans terre ; l'eau est alors recyclée en circuit fermé. Aucun antibiotique, aucun pesticide n'est utilisé.

Les légumes, plantes et herbes les plus utilisés en aquaponie sont les salades, les épinards, les poireaux, le basilic, la ciboulette, le persil, le céleri, les haricots, le basilic, les aubergines, la menthe, les choux, la laitue, la

roquette, la ciboulette, les pois, la coriandre, les racines de gingembre, les tomates, poivrons et piments, le brocoli, le tabac, les blettes, les courgettes, les choux chinois, le concombre, le maïs.
Fruits : fraises, framboises

Solution 13 : Inspirer vous de la nature : La collaboration plutôt que la compétition : « L'intelligence végétale »

Les arbres sont des êtres sociaux[25], qui communiquent par des odeurs. Si vous ne me croyez pas, lisez le livre de Peter Wohlleben « la vie secrète des arbres [26]». Lorsqu'un arbre souffre (attaque d'un insecte par exemple), il envoie par l'intermédiaire de ses racines et des champignons présents au sol et dans la terre des messages électriques et chimiques pour que les autres arbres se mettent en mode défense et sécrètent des poisons pour éloigner le nuisible. C'est ce qu'on appelle l'internet des champignons[27].
Les arbres et forêts sécrètent le phytoncide, un ensemble de molécules excrétées dans l'air, qui renforce le système immunitaire des humains. La nature est indispensable.
Nous l'avons vu, nous le savons, la nature collabore. Les arbres communiquent, les excréments de certains animaux nourrissent les végétaux et permettent de faire pousser des légumes. Bref, la coopération est de mise. Il ne s'agit plus alors seulement de planter des cultures, mais de comprendre la nature, de collaborer avec elle. La fin de la compétition a sonné, dans tous les domaines de la vie, la création d'un monde meilleur passe par la collaboration, l'entraide et le partage.

Solution 14 : Aménager le territoire agricole (et autre) de façon multifocal :

Dans ce principe de coopération, nous ne pouvons plus prendre les solutions une à une mais synthétiser l'ensemble. Voici pourquoi chaque espace doit être aménagé au cas par cas, comme l'a fait Akuoenergy[28] sur l'île de la Réunion, en faisant cohabiter installation de panneaux solaires au-dessus de serres où une activité de maraîchage a lieu (les cultures souffraient de trop de chaleur dans les champs, les serres étaient donc indispensables à la survie du maraîcher). Dans un autre lieu, agriculture et panneaux solaires s'organisent de façon intercalaire et partagent ainsi le terrain.

L'aménagement du territoire se veut donc multifocal, étudié selon l'environnement et les ressources de la région géographique, où chaque mètre carré doit être optimisé afin de promouvoir et mettre en commun énergies renouvelables, agriculture, fermes, épuration, habitation, zones d'activités etc... de façon durable, locale, économique, écologique, en circuit court.
Il ne s'agit pas seulement d'aménager le territoire agricole mais d'introduire l'agriculture dans une diversité de paysages et d'aménagements urbains ou ruraux. Ne plus « diviser pour mieux régner » comme le dirait le dicton, mais optimiser l'espace et cohabiter pour mieux exister. Les smart city tendent de répondre à cette vision multifocale. Nous y reviendrons.

Solution 15 : Remplacer le plastique par des bioplastiques biosourcés et biodégradables pour éviter les déchets dans les océans :

Ceci est une fausse solution car remplacer le plastique fait à base de pétrole par des bioplastiques biosourcées (fabriquées à partir de matière d'origine biologique) et biodégradables existe déjà. Cela coûte encore trop cher (en comparaison au prix du baril de pétrole) pour remplacer les produits plastiques-fossiles mais les recherchent continuer pour remplacer intégralement le plastique par des plantes ou des matières premières renouvelables.

Solution 16 : Installez un hôtel à insectes (ou maison à insectes) dans votre jardin pour favoriser la biodiversité et préserver les abeilles

Les hotels à insectes permettent de lutter contre les parasites du jardin, de favoriser la biodiversité locale et de rétablir l'équilibre de la chaîne alimentaire.

Mon alimentation, le gaspillage alimentaire, le traitement des déchets, le recyclage

« Les gens sont nourris par l'industrie alimentaire qui ne fait pas attention à la santé, et sont traités par l'industrie de la santé qui ne fait pas attention aux aliments » Wendell Berry

Abolir le gaspillage alimentaire :

Une des grandes solutions pour diminuer le réchauffement climatique est de réduire nos déchets et notamment, de supprimer le gaspillage alimentaire.

En se décomposant, la matière organique qui atterrit dans notre benne à ordures émet du méthane. Le méthane est, rappelez-vous, 25 fois plus polluant que le CO2.

Le gâchis de nourriture est un problème tant dans les nations riches que dans les pays pauvres, pour des raisons différentes. Là où les revenus sont bas et les infrastructures peu solides, la perte de produits alimentaires est généralement involontaire et de nature structurelle : mauvaises routes, absence de systèmes de réfrigération ou de stockage, équipements et emballages de piètre qualité, difficultés liées à la combinaison chaleur-humidité, etc. Le gaspillage survient plus tôt dans la chaîne d'approvisionnement, avec des produits qui pourrissent sur les champs ou se gâtent durant le transport ou la distribution. Dans les pays plus riches ; c'est le gaspillage délibéré qui prédomine, bien plus loin sur la chaîne d'approvisionnement. Les distributeurs refusent des produits parce qu'ils sont abîmés, amochés ou qu'ils n'ont pas la bonne couleur – Parfois, c'est tout simplement parce qu'ils en commandent trop, de crainte d'en manquer et de se mettre à dos leur clientèle. Les règles les plus fondamentales de l'offre et de la demande jouent elles aussi un rôle. Si la récolte d'un champ n'est pas financièrement rentable, on laissera la production pourrir. Et si un produit est trop coûteux pour les consommateurs, il restera dans les réserves. De même les consommateurs s'organisent mal et peuvent oublier le reste de lasagnes au fond du frigo.

Diminuer considérablement notre consommation de viandes et poissons :

Mon alimentation, le gaspillage alimentaire, le traitement des déchets, le recyclage

Notre régime alimentaire influence indirectement mais drastiquement le réchauffement climatique.
Nous l'avons vu, l'élevage animalier (bovins, volailles...) nécessite de l'espace pour les animaux mais aussi pour leur nourriture. Ne plus manger de viandes réduit considérablement notre empreinte carbone.

Une étude avant-gardiste publiée en 2016 par l'université d'Oxford a modélisé le climat, la santé et les avantages économiques d'une transition mondiale vers des régimes végétaux entre aujourd'hui et 2050. Les émissions pourraient être réduites de 70 % sans que rien d'autre ne soit modifié au quotidien avec un régime végétalien, et de 63 % avec un régime végétarien (qui comprend fromage, lait et œufs). Selon les estimations du modèle, la mortalité mondiale chuterait de 6 à 10 %[29].
Vous pouvez le constater sur ce schéma, les émissions de gaz à effet de serre sont nettement plus importants lorsqu'on mange de la viande[30].

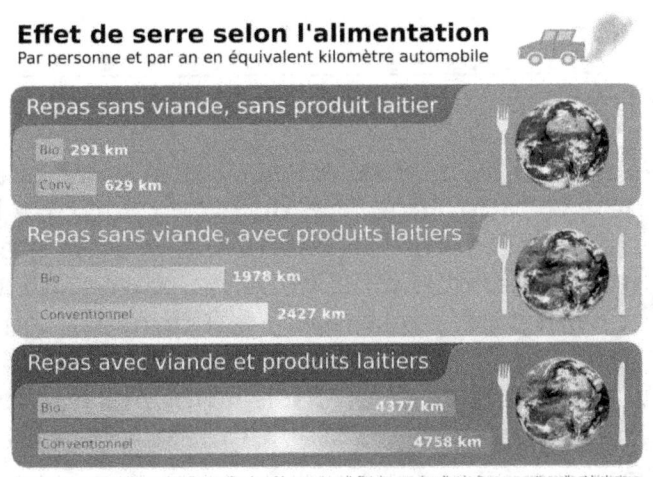

Pour ma part, je suis flexitarienne (pratique alimentaire dont la base quotidienne est végétarienne mais qui autorise une consommation occasionnelle de viande[31]). Je ne mange plus de viande bovines mais il arrive que la volaille, le poisson et les crustacés fassent partie de mes repas, à raison d'un à deux repas par semaine en moyenne. Au début, je me demandai ce que j'allais manger. Mais en fouillant un peu sur le web, j'ai trouvé de nombreuses recettes délicieuses et je me sens nettement mieux au niveau digestif (moins de ballonnements, lourdeurs, moins de fatigue après les repas).

Il existe une controverse sur les carences en vitamine B12 avec les régimes végétaliens.

Les recherches sur le sujet des carences du régime végétalien sont en cours. Il semblerait que la vitamine B12 ne se trouve que dans les produits animaliers (la vitamine B12 présente dans les produits végétaux ne serait pas assimilable par nos organismes humains). Pour les autres minéraux et oligo-éléments, un régime végan n'engendre aucune carence.

Si vous souhaitez passer au régime vegan et que vous avez peur des carences, voici une liste non exhaustive d'aliments :
- _Riches en protéines_ : spiruline, graines de courge, amandes, avoine, lentilles, quinoa, choux de Bruxelles
- _Riches en fer_ : lentilles, haricots, aliments à base de soja, quinoa, riz complet, noix, noisettes, noix de cajou, graines de sésame/lin/courge/chia, tomates, chou vert
- _Riches en calcium_ : chou frisé, chou-fleur, brocolis, haricots blancs, pois chiche, algues, légumes verts, oranges

- *Pour la vitamine B12* : une supplémentation serait nécessaire

Abolir les emballages, notamment ceux en plastique, et améliorer les techniques de recyclage :

Moins de 20% des matières plastiques sont recyclées dans le monde, il faut donc stopper sa fabrication et sa consommation[32]. Carton et verre sont plus recyclés mais pas en totalité, il faut donc éviter le plus possibles les produits emballés.
Le plus grand pays du monde, la Russie, ne recycle que 4% de ses déchets[33].
Les pays développés ont plus de déchets que les pays émergents, néanmoins ces derniers s'enrichissent et deviennent de plus en plus occidentaux, ainsi les plateformes de recyclage doivent s'améliorer dans les pays développés et pousser en grand nombre dans les pays émergents.
Il faut individuellement diminuer la consommation des produits emballés, il faut que les entreprises diminuent drastiquement les suremballages et commencent à utiliser des plastiques biosourcés biodégradables, tout en créant des projets de recyclage un peu partout dans le monde et en améliorant les techniques existantes.

Solutions pour une alimentation sans empreinte carbone :

Privilégiez les produits locaux, pour réduire au maximum les transports entre producteurs et consommateurs, de saisons et biologiques, pour réduire au maximum l'utilisation d'engrais pour obtenir des rendements sur des sols et à des températures non prévus pour les cultures qui ne sont pas de saison.

Laissez de côté les viandes, charcuterie, poissons et crustacés, dont l'exploitation est riche en émission de CO_2, et privilégiez les légumes, fruits, céréales, légumineuses, graines, huiles pour les omégas 3.

Devenez adepte du zéro déchet (tout un paragraphe est dédié au zéro déchet)

Un doute sur un produit ? Rendez-vous sur le site https://www.eco-sapiens.com/ le guide d'achat éthique pour trouver, comparer et acheter des produits bio, naturels, écologiques et équitables. C'est un site de référence dans l'alimentaire mais aussi dans d'autres domaines (bébé, bricolage, bureau, maison, déco, cosmétiques, entretien, jardin, jouets, loisirs, mode).

Vous êtes amateurs de bières, de vins ? Privilégiez les brasseries et domaines viticoles proches de chez vous, vous serez surpris de découvrir une bière locale aussi bonne, si ce n'est plus, que votre bière du grand commerce préférée.
De plus, certains producteurs ont mis en place un système de consigne des bouteilles en verre. A privilégier bien évidemment.

Solutions pour ne pas se tromper devant le nombre faramineux de produits et de marques différentes :

Faites confiance à l'Ademe qui répertorie les labels environnementaux de confiance sur son site.

Vous trouverez en annexe l'ensemble des logos que l'Agence De l'Environnement et de la Maîtrise de l'Energie a passé à la loupe mais n'hésitez pas à vous rendre sur leur site pour plus de détails.

Pensez aussi à regarder l'affichage environnemental. Ce logo, mis en place depuis Juin 2018 par des entreprises volontaires et encadrées, indiquent l'impact environnemental des produits sous la forme d'une note (A, B, C, D, E) dont A est la meilleure. Pour attribuer la note, quatre indicateurs sont pris en compte : l'effet de serre, l'épuisement des ressources, la consommation d'eau et les produits biologiques et labellisés.

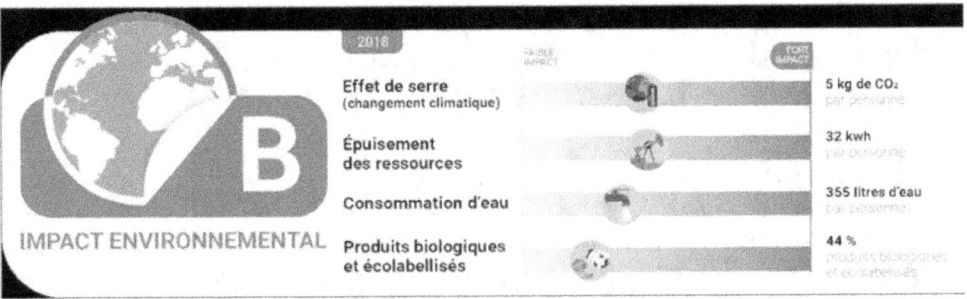

De nombreuses entreprises mais aussi des hôtels sont engagés dans le déploiement de cet affichage environnemental.

Solutions « Les courses idéales et zéro déchet »

Prévoyez vos repas à l'avance (et en fonction des légumes et fruits de saison) et notez uniquement les aliments

Mon alimentation, le gaspillage alimentaire, le traitement des déchets, le recyclage

nécessaires aux recettes que vous n'avez pas déjà dans vos placards.

Ayez sur vous la fiche des labels que vous trouverez en annexe.

Munissez-vous d'un calendrier des fruits et légumes de saison.

Regardez la provenance des fruits et légumes dans les supermarchés pour privilégier les producteurs les plus proches de vous géographiquement, préférez acheter dans une AMAP ou aux producteurs locaux directement

<u>*Les applications à télécharger pour faire ses courses et les sites web à consulter régulièrement :*</u>

- « La ruche qui dit Oui » : Chaque semaine, la Ruche vous donne rendez-vous dans votre quartier. Venez retirer votre commande de fruits et légumes et rencontrer les Producteurs.
  https://laruchequiditoui.fr/fr
- « Yes we green » : Vous permet de trouver les producteurs locaux, Amap… mais aussi les ateliers de réparation de vélo, les fablabs, les jardins partagés, les parcs… bref une application pleine de bonnes idées
  https://yeswegreen.org/
- En supermarché : « Yuka » : déchiffre les étiquettes avec des explications claires sur les additifs, et propose un programme de nutrition
- En supermarché : « BuyorNot » (lancée par les créateurs de https://www.i-boycott.org/) : déchiffre les étiquettes et vous informe en même temps si une campagne de

boycott contre le produit a été lancé contre le producteur. C'est une application très instructive qui vous permettra de savoir ce qui se cache (et quelle entreprise se cache) derrière les produits et emballages. Le site http://www.mescarottes.com/ recense les aliments produits près de chez vous par des professionnels et des particuliers

Pour le (presque) zéro déchet en magasin je vais vous faire part de ma façon de m'organiser :

Les premières fois j'oubliais des choses, je me retrouvais obligée de prendre des produits emballés mais cela n'arrive quasiment plus. J'ai chez moi ou dans ma voiture, un panier en osier et un sac en tulle dans lesquels se trouvent des sachets papiers pour les fruits et légumes (j'utilise les mêmes pendant très longtemps mais vous pouvez aussi investir dans des filets), des sacs à pain et des pots en verre sous lesquels sont notés avec un marqueur leur poids à vide, des bouteilles en verre ou en plastique pour l'huile d'olives de cuisine, des récipients en plastique pour la lessive, des petits Tupperware pour les savons (lavage corps et cheveux avec savons solides, j'en suis ravie)
Je prends ma liste de course (écrite sur le téléphone pour ne pas utiliser de papier) et je vais faire mes courses.

Avant d'aller faire des courses, j'essaie de finir tout ce que j'ai dans mon réfrigérateur et mes placards (règle du premier entré – premier sorti). Si ce n'est pas possible, j'effectue les recettes de la semaine à venir en fonction de ce que je peux utiliser dans mes placards, et j'ajoute les aliments manquants à la liste des courses.

Si certains aliments approchent de la date de péremption, je les congèle.
J'utilise les légumes un peu dépassés en soupe et les fruits en gâteau ou compotes.

Au magasin :

Je prends en premier les fruits et légumes

Je ne prends que des fruits et légumes qui ne sont pas emballés (franchement les producteurs mettent parfois deux courgettes minuscules dans un bac en carton recouverts de papier transparent)

Je prends ensuite mes fonds de tiroir en vrac : je prends le café en grain, je le mouds à la maison avec un moulin à grains manuel à l'ancienne, je mets le café moulu dans une cafetière à piston en inox, mon vinaigre blanc est en vrac, mon huile d'olives, vinaigre, riz, pâtes, lentilles, céréales, biscuits... tout est en vrac. Même ma lessive est en vrac.
Sites pour trouver les épiceries vrac autour de chez vous :
https://consovrac.com/
http://daybyday-shop.com/
http://consocollaborative.com/article/carte-de-france-des-epiceries-en-vrac/

J'évite les produits suremballés. Quand on commence à faire attention aux détails, on se rend compte que les produits sont suremballés. Je privilégie les emballages les plus recyclables (notamment le verre et le carton). Je bannis le plastique.

J'ai toujours dans mon téléphone les applications pour savoir ce qui se recycle et comment : « Guide du Tri » et « Eugène », et les applications pour trouver des idées de recettes vegan : « Vegg'up », « Veganized ».
L'application « Guide du tri » vous permet de savoir si votre emballage est recyclable ou non, et de trouver les points de collecte les plus proches de vous.
Vous trouverez plus de détails sur le site
https://www.consignesdetri.fr/

Je ne me laisse jamais séduire par des ventes promotionnelles sur des grandes quantités alimentaires si je sais que je n'aurais pas l'usage ou la place pour stocker.

Solutions pour « Le presque zéro déchet » et le « recyclage de tout ou presque », et contre « le gaspillage alimentaire » :

Pour approcher du zéro déchet, vous pouvez :

Mettre un autocollant « Stop Pub » sur votre boîte aux lettres. Vous pouvez le commander sur le site https://www.stoppub.fr/ en version autocollant, sinon nous vous en avons mis un en annexe, qu'il faudra plastifier et coller par vous-même

Le recyclage est de plus en plus efficace en France, 67% des emballages sont recyclés[34].
Le site de l'Ademe propose aussi une plateforme pour savoir quoi faire de vos déchets en tout genre
https://www.ademe.fr/particuliers-eco-citoyens/dechets/bien-jeter/faire-dechets

Si vous souhaitez réduire vos déchets tout en relevant des défis ludiques, vous pouvez télécharger l'application « Zero Waste Objective » (en français) sur smartphone

Certains restaurants, boulangers... luttent contre le gaspillage alimentaire en mettant en lien les aliments restants du jour pour éviter qu'ils finissent à la poubelle grâce à l'application « Too Good To Go ». Inscrivez-vous et dégustez !

Pour sauver les restes du réfrigérateur et trouver des idées de recettes, l'application « Frigo Magic » est incontournable.
Dans la même lignée, le site web « le bruit du frigo » vous propose une cuisine ludique avec les restes du réfrigérateur et des placards https://www.lebruitdufrigo.fr/

Lorsque vous recevez des amis, privilégiez des plats encore consommables le lendemain et proposez aux amis de répartir les restes entre eux à la fin de la soirée.

Vous pouvez réduire drastiquement l'utilisation du papier d'aluminium ou cellophane en utilisant des pots ou Tupperware en verre pour conserver vos plats, ou des charlottes en tissus.
De même, recouvrez vos plats avec une assiette, un torchon ou avec des couvre plat en lin que vous trouverez sur le site de la boutique zéro déchet
https://www.boutiquezerodechet.com/

Bannissez les bouteilles d'eau en plastique. Préférez celle en verre (recyclable) ou achetez une gourde en métal que vous remplissez avec l'eau du robinet

Mon alimentation, le gaspillage alimentaire, le traitement des déchets, le recyclage

Vous aimez l'eau gazeuse ? Investissez dans une machine gazéifiante, en plus vous pouvez créer vos propres sodas au goût que vous souhaitez.

Vous pouvez fabriquer vos propres yaourts grâce à une yaourtière. Je le fais car ma fille raffole des yaourts. Ma recette : un yaourt de lait de brebis ou de vache, un litre de lait de brebis ou de vache (acheté en vrac si possible), 2 cuillères à soupe de lait en poudre pour épaissir l'ensemble. Et avec cette recette je réalise dix pots de yaourt. Certes ce n'est pas « vegan » mais nous diminuons drastiquement le nombre d'emballages.

Vous pouvez créer un réseau du « chaînon manquant » près de chez vous ou devenir bénévole. Cette association œuvre à récupérer les invendus alimentaires en parfait état chez les professionnels ou sur le lieu d'évènements de grande envergure, puis à les redistribuer immédiatement, dans le respect de la chaîne du froid, à des associations caritatives de proximité.

High Tech : rapportez vos équipements usagers dans les points de collecte dédiés aux déchets d'équipements électriques et électroniques (DEEE) afin qu'ils soient recyclés
Trouvez les points de collecte proche de chez vous pour le recyclage de vos produits technologiques et électroménagers : https://www.ecologic-france.com/
Trouvez les points de collecte petits électroménagers/piles : https://www.eco-systemes.fr/

Pour encore plus de techniques astucieuses « zéro déchets », je vous conseille le livre de Jérémie Pichon « Famille zéro déchet, ze guide »[35]

Solution « Faites la peau au plastique ! »

Le plastique est très peu recyclé. Le carton l'est à 65%[36], le verre à 86 %[37]. Privilégiez alors les emballages en verre.

Optez pour : des brosses à dent en bambou, des couverts en bambou (pour vos repas en extérieur)

Fabriquez vos propres produits de beauté ou si vous n'avez pas le temps ni l'envie de vous lancer dans l'aventure du Do It Yourself (fais-le toi-même), sachez qu'il existe des savons, déodorants solides, shampoings solides selon tous types de cheveux, des crèmes visage et corps (comme le beurre de cacao solide), des huiles corporelles (que vous achetez dans un pot en verre bien sûr)… dont les emballages sont minimes vus que ce sont des produits solides.
Sinon, optez pour des flacons rechargeables.

Pour l'entretien de la maison, vous pouvez fabriquer vous-même vos produits (aide et matériel nécessaire sur ce site https://galipoli.fr/)
Dans tous les cas de figure (détartrage, dégraissage, antibactérien…), trois produits sont primordiaux : le vinaigre blanc, le bicarbonate de soude et le citron

Abonnez-vous à la chaîne Youtube Edeni pour apprendre de nombreuses techniques du zéro déchet.

Rendez-vous au paragraphe « Mon chez soi » pour plus de gestes écologiques et économiques.

Solution « To be Vegan, to be veget »

Vous êtes déjà vegan mais vous voulez aller avec vos amis au restaurant... seulement voilà, la dernière fois, tous les plats contenaient au moins un produit animalier... cette fois-ci, vous prenez les devant avec l'application « HappyCow », un module qui répertorie tous les restaurants selon différents critères (vegan, végétarien, options végétariennes) ainsi que les boulangeries, hôtels, coopérative fermière, magasins vegan ... bref, tous les endroits où le mot vegan sera le bienvenu !

Une autre application très sympa vous permet de trouver les restaurants vegan ou qui proposent des plats vegan sur leur carte : « VegOresto »

Un Noël VEGAN vous pensiez que c'était impossible ou que vous ne pouviez pas réaliser des plats assez sophistiqués ? Allez faire un tour sur la chaîne Youtube « Lloyd Lang ».

Sublime !! Cette jeune fille a même écrit un livre de recettes vegan classées par saison !

Retrouvez dans la boîte à outils quelques idées de chaînes youtube et site web présentant des recettes végan.

Vous êtes désormais un adepte du zéro déchet et peut-être même un végétalien hors pair...
Votre empreinte carbone diminue de jour en jour...
Mais qu'en est-il pour les déchets organiques qui constituent les épluchures, coquilles d'œuf, agrumes etc...

Les déchets organiques représentent un tiers[38] de nos poubelles et peuvent connaître une seconde vie : LA solution : le compostage !!

Solution « Le compostage »

Plutôt que de libérer du méthane comme le ferait la décomposition en décharge, le procédé de compostage transforme la matière organique en carbone stable et le met à disposition des végétaux. Le compost est en effet un engrais aux effets inouïs, qui assure la rétention de l'eau et des nutriments présents dans la matière originelle, et il peut également contribuer à capter le carbone dans le sol. Les déchets organiques sont les résidus d'origine végétale ou animale qui peuvent être dégradés par les micro-organismes pour lesquels ils représentent une source d'alimentation.

Le compost en tas, dans un bac à compost par exemple, fait intervenir la fermentation avec hausse des températures pour que les matières organiques se dégradent et deviennent un engrais idéal pour améliorer la fertilité du sol. Il faut compter six mois avant d'avoir un premier engrais.

Le compostage en surface, c'est-à-dire, le fait d'étaler les matières organiques sur le sol dans un jardin ou un potager par exemple, est une meilleure solution que le compost en tas car cette méthode ne fait pas intervenir la fermentation avec hausse des températures. Il y a d'autres nombreux avantages à réaliser cette technique : pas besoin de paillis, moins de travail pour le jardinier, moins d'arrosage, maîtrise des mauvaises herbes. Néanmoins, elle nécessite plus d'espace dans un jardin que le compost en tas.

Le lombricompost, idéal dans un appartement, utilise des vers de terre pour aider à la décomposition de la matière organique. Le résultat est le même : un engrais de haute qualité, mais en deux mois au lieu de six comme avec le compost en tas.

Vous trouverez en annexe des liens vers des sites proposant des fiches techniques sur « comment réaliser un bon compostage » une liste des produits qui peuvent se composter et les erreurs à éviter.

Vous ne souhaitez pas faire un compost chez vous ? Vous pouvez en trouver un près de chez vous grâce à https://lesactivateurs.org/geo-compost/

Sinon, si vous aimez les défis, vous pouvez aussi proposer aux habitants de votre quartier, votre syndicat, votre copropriété d'installer un espace pour le compost (soit en bac, soit de surface), où chacun mettrait la main à la pâte.

L'application WAG (We Act for Good), lancée par WWF, vous donne plein d'astuces et vous lance des défis sur de nombreux sujets, et les règles du compost qu'elle propose sont claires et concises, je vous conseille d'aller y faire un tour.

Si vous avez une âme d'aventurier, créez une entreprise spécialisée dans le compostage au sein de votre ville, comme l'exemple des Détritivores qui propose un service inédit à tous les producteurs urbains de biodéchets, ou Vépluche[39] qui récupère les biodéchets des restaurateurs en échange d'achats de fruits et légumes.

Solution « Optez pour un poulailler »

Si vous avez un jardin mais que vous n'avez pas la main verte pour fabriquer votre compost (bien qu'il y ait peu d'entretien en réalité), pourquoi ne pas achetez un poulailler et y mettre deux poules ? Vous avez largement de quoi les nourrir avec vos déchets organiques et elles vous fourniront de bons œufs bios toutes l'année.
Offrez un jardin et le soleil à des poules car peu d'entre elles voient la lumière du jour au cours de leur vie.

Solution « Jardinez au naturel et faites pousser vos fruits et légumes »

Nous n'y pensons pas mais il existe des « pesticides » biologiques comme ceux de la marque Koppert
https://www.koppert.fr/

Ou bien fabriquez votre propre pesticide biologique en suivant la recette de Jean-Marie Boucher, créateur du site Consoglobe[40]

Afin de réduire l'utilisation des pesticides, optez pour des techniques de rotation des cultures, intégrez dans les cultures les prédateurs naturels des insectes ravageurs, plantez des haies et des arbres à proximité des cultures afin de créer des refuges pour les oiseaux et prédateurs des insectes ravageurs

Que vous soyez agriculteur ou jardinier du dimanche, sachez que la culture sous serre est préférable dans la mesure où elle protège des conditions climatiques extrêmes et des insectes ravageurs.

Vous avez un bout de jardin dont vous ne vous servez pas, ou vous recherchez un bout de jardin pour créer un potager ? Le site Planter Chez Nous met en relation des propriétaires de jardins et des jardiniers sans bout de terre à cultiver.
https://www.plantezcheznous.com/

[1] METEOCITY. *Déforestation : l'équivalent d'un terrain de football disparaît toutes les 7 secondes en Amazonie* [en ligne]. 16 juin 2016 [consulté le 28 octobre 2019]. Disponible sur :
https://www.meteocity.com/magazine/actualites/deforestation-l-equivalent-d-un-terrain-de-football-disparait-toutes-les-7-secondes-en-amazonie_3657/

[2] VIANDE.INFO. *En France, 4 fois plus de terre pour une calorie animale* [en ligne]. Consulté le 28 octobre 2019. Disponible sur :
https://www.viande.info/schemas/France-4-fois-plus-de-terre-pour-une-calorie

[3] SANTE LE FIGARO. *Le bétail responsable de la résistance à certains antibiotiques* [en ligne]. Ouns Hamdi, 30 novembre 2017 [consulté le 28 octobre 2019]. Disponible sur :
http://sante.lefigaro.fr/article/le-betail-responsable-de-la-resistance-a-certains-antibiotiques/

[4] INSTITUT DE CARDIOLOGIE DE MONTREAL. *Les risques potentiels pour la santé de la consommation des viandes rouges* [en ligne]. Dr Martin Juneau, 28 novembre 2017, mis à jour le 20 Juillet 2018 [consulté le 28 octobre 2019]. Disponible sur :
http://observatoireprevention.org/2017/11/28/risques-potentiels-sante-de-consommation-viandes-rouges/

[5] TV5MONDE. *Le 7ème continent : un monstre de plastique* [en ligne]. Laure de Matos, Antoine Fonteneau, 25 juin 2019 [consulté le 28 octobre 2019]. Disponible sur :
https://information.tv5monde.com/info/le-7eme-continent-un-monstre-de-plastique-1863

[6] PLANETOSCOPE. *Vente de bouteilles plastiques dans le monde* [en ligne]. Consulté le 28 octobre 2019. Disponible sur :

https://www.planetoscope.com/dechets/1990-ventes-de-bouteilles-en-plastique-dans-le-monde.html

[7] NOTRE-PLANETE.INFO. *Comment gérer l'excès d'azote dans les sols et l'atmosphère ?* [en ligne]. 12 octobre 2010 [consulté le 28 octobre 2019]. Disponible sur :
https://www.notre-planete.info/actualites/2544-gerer_exces_azote

[8] BIO EN LIGNE. *Rôle de l'azote et ses effets sur la nutrition des plantes* [en ligne]. 29 décembre 2018 [consulte le 28 octobre 2019]. Disponible sur :
https://www.bio-enligne.com/fertilisation/200-azote.html

[9] NOTRE PLANETE. *Comment gérer l'excès d'azote dans les sols et l'atmosphère ?* [en ligne]. 12 octobre 2010 [consulté le 28 octobre 2019]. Disponible sur :
 https://www.notre-planete.info/actualites/2544-gerer_exces_azote

[10] AGROSOL. *La technique du zaï* [en ligne]. Consulté le 28 octobre 2019. Disponible sur :
 http://agrosol-sahel.org/wp-content/uploads/2009/10/Technique_du_zai.pdf

[11] LE MONDE AU NATUREL. *La kernza : « nouvelle céréale tendance »* [en ligne]. Marie-Christine Trépanier, 25 juin 2019 [consulté le 28 octobre 2019]. Disponible sur :
https://mondenaturel.ca/la-kernza-nouvelle-cereale-tendance/

[12] THE LAND INSTITUTE. *Kernza® Grain: Toward a Perennial Agriculture* [en ligne]. Consulté le 28 octobre 2019. Disponible sur : https://landinstitute.org/our-work/perennial-crops/kernza/

[13] LES INCROYABLES COMESTIBLES
http://lesincroyablescomestibles.fr/

[14] BRUT. *Une "Grande muraille verte" en construction en Afrique*
[en ligne]. 11 octobre 2017 [consulté le 28 octobre 2019]. 1 vidéo, 1 minute. Disponible sur :
https://www.youtube.com/watch?v=QKkkuF7NfiQ

[15] WIKIPEDIA. *Tourbière.* Consulté le 28 octobre 2019. Disponible sur :
https://fr.wikipedia.org/wiki/Tourbi%C3%A8re

[16] OCEAN CLIMATE. *L'océan, origine de la vie* [en ligne]. Consulté le 28 octobre 2019. Disponible sur :
https://ocean-climate.org/?page_id=2020

[17] LE MONDE. *L'océan absorbe 30 % des émissions de CO2 dues aux activités humaines* [en ligne]. Martine Valo, Françoise Gaill, 7 juin 2015 [consulté le 28 octobre 2019]. Disponible sur :
https://www.lemonde.fr/climat/article/2015/06/08/l-ocean-absorbe-30-des-emissions-de-co2-dues-aux-activites-humaines_4649587_1652612.html

[18] ONG BLOOM
https://www.bloomassociation.org/

[19] FABIEN COUSTEAU OCEAN LEARNING CENTER
http://www.fabiencousteauolc.org/

[20] CLIMATE FOUNDATION
http://www.climatefoundation.org/

[21] MANGEONS DES INSECTES. *Pourquoi manger des insectes* [en ligne]. Consulté le 28 octobre 2019. Disponible sur : http://www.mangeons-des-insectes.com/pourquoi-manger-des-insectes

[22] LES PHYTONAUTES. *Les insectes, une alternative alimentaire et écologique ?* [en ligne]. 9 mai 2017 [consulté le 28 octobre 2019]. Disponible sur : https://www.lesphytonautes.fr/insectes-alternative-alimentaire-ecologique/

[23] https://www.insectescomestibles.fr/

[24] https://www.jiminis.com/

[25] LA GRANDE LIBRAIRIE. *« La vie secrète des arbres » de Peter Wohlleben, ouvrage 100% naturel* [en ligne]. 15 décembre 2017 [consulté le 28 octobre 2019]. 1 vidéo. 13 minutes. Disponible sur : https://www.youtube.com/watch?v=Eu4mpUDKdTA

[26] PETER WOHLLEBEN. *La vie secrète des arbres*. Les arènes. Mars 2017. 260 pages. ISBN 978-2352045939

[27] ENVOYE SPECIAL. *Envoyé spécial. Le secret des arbres - 26 octobre 2017 (France 2)* [en ligne]. 27 octobre 2017 [consulté le 28 octobre 2019]. 1 vidéo. 30 minutes. Disponible sur : https://www.youtube.com/watch?v=eh6rnaqSPto

[28] AKUOENERGY
http://www.akuoenergy.com/fr/agrinergie

[29] LE VEGAN INFORME. *Nouvelle étude : devenir végétarien permettrait de réduire de deux tiers les émissions mondiales de gaz à effet de serre dues à l'alimentation et de sauver des millions de vies* [en

ligne]. Marco Springmann, 24 mars 2016 [consulté le 28 octobre 2019]. Disponible sur : http://leveganinforme.blogspot.com/2016/04/nouvelle-etude-devenir-vegetarien.html

[30] L214. *Effet de serre selon l'alimentation* [image en ligne]
https://visuels.l214.com/schemas/effet-de-serre/

[31] WIKIPEDIA. *Flexitarise*. Consulté le 28 octobre 2019. Disponible sur :
https://fr.wikipedia.org/wiki/Flexitarisme

[32] FRANCE INFO. *On vous explique pourquoi le recyclage du plastique est en train de créer une crise mondiale des déchets* [en ligne]. Juliette Campion, 7 juin 2019 [consulté le 28 octobre 2019]. Disponible sur :
https://www.francetvinfo.fr/sante/environnement-et-sante/on-vous-explique-pourquoi-le-recyclage-du-plastique-est-en-train-de-creer-une-crise-mondiale-des-dechets_3465921.html

[33] LIBERATION. *En Russie, les dessous trash du traitement des déchets* [en ligne]. Astrid Landon, 8 mai 2019 [consulté le 28 octobre 2019]. Disponible sur :
https://www.liberation.fr/planete/2019/05/08/en-russie-les-dessous-trash-du-traitement-des-dechets_1725487

[34] ECO EMBALLAGES. *67% des emballages ménagers recyclés en 2011 : un bilan positif qui marque la relance du recyclage en France* [en ligne]. 2011 [consulté le 28 octobre 2019]. Disponible sur :
http://www.ecoemballages.fr/source/node/8290

[35] PICHON Jérémie. *Famille zéro déchet, ze guide*. Editions Thierry Souccar, Mars 2016. 256 pages. ISBN 978-2365491877

[36] LEMONTRI. *Le recyclage du carton* [en ligne]. Consulté le 28 octobre 2019. Disponible sur : https://lemontri.fr/le-recyclage-du-carton/

[37] ECO EMBALLAGES. *Ipaq innove dans le recyclage du verre à Izon* [en ligne]. 7 février 2014 [consulté le 28 octobre 2019]. Disponible sur : http://www.ecoemballages.fr/actualite/ipaq-innove-dans-le-recyclage-du-verre-izon-33

[38] WIITHAA. Les biodéchets, trop précieux pour être jetés [en ligne]. Consulté le 28 octobre 2019. Disponible sur : https://wiithaa.fr/environnement-valorisation-dechet/biodechets-definition-solution-valorisation/

[39] https://www.vepluche.fr/

[40] CONSOGLOBE. Comment fabriquer son propre insecticide naturel ? [en ligne]. Juin 2015. Consulté le 28 octobre 2019 sur : https://www.consoglobe.com/fabriquer-propre-insecticide-naturel-1858-cg

Ma mode, ma garde-robe

"Le capital est semblable au vampire, ne s'anime qu'en suçant le travail vivant et sa vie est d'autant plus allègre qu'il en pompe davantage" Karl Marx

La fabrication des vêtements pollue en raison des barils de pétrole utilisés pour produire les fibres polyester, des substances utilisées pour la transformation des matières premières et des kilomètres parcourus entre les lieux de confection et les lieux de vente.
La fabrication des vêtements impacte directement le taux d'eau potable présent sur la planète.

Chaque année, 70 millions de barils de pétrole sont utilisés pour produire des fibres de polyester pour nos vêtements[1]. Sans compter les tonnes de pesticides diffusés sur les champs de coton présent dans nos habits. En effet, un quart des pesticides utilisés dans le monde est dédié à la culture du coton.

La production des matières premières nécessite des pesticides, de l'eau et du pétrole
La transformation des matières premières utilise des substances toxiques (mercure, plomb, cadmium) et les usines n'ont pas toujours la réglementation adéquate quant au devenir de ces produits utilisés.
Le transport, un vêtement parcourt de nombreux kilomètres avant d'arriver au commerçant
Les microfibres des vêtements se détachent lors du lavage et pollue les océans car les microfibres sont trop petites pour être filtrées par les stations d'épuration.
Le recyclage des vêtements n'est pas encore dans les mœurs des citoyens malgré un programme de recyclage du

textile très performant en France (ne jeter pas vos vêtements, recyclez-les)

Suivons ensemble le parcours d'un jean :
Le coton est produit au Bénin, le filage du coton se fait au Pakistan, la teinture, en Italie, la découpe se fait en Tunisie tandis que la Turquie s'occupe du délavage. L'élasthanne est produit au Japon. La Namibie s'occupe des boutons. Et la France dans tout ça ? Elle s'occupe des fermeture-éclair et de la distribution. Un jean parcourt 65 000 kilomètres pour être fabriqué[2].
73 jeans sont vendus dans le monde par seconde[3].

Un pull consomme 7700L d'eau pour être fabriqué[4].

Voici les réserves d'eau de la mer d'Aral en Ouzbékistan en 1989 et en 2014

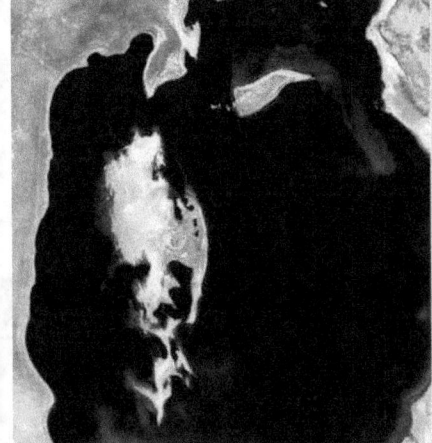 

Réserve de la mer d'Aral[5]

Ma mode, ma garde-robe

Solutions pour diminuer l'empreinte carbone vestimentaire avec des vêtements d'occasion

Vous aimez les vêtements ? Tout le monde adore, évidemment... Mais rien ne vous empêche d'acheter d'occasion, grâce à des sites comme leboncoin ou le site / l'application « Vinted ».

Réparer vos vêtements abîmés grâce à des tutos de couture, cela vous permettra d'apporter en plus votre touche personnelle

Le site https://www.label-emmaus.co/fr/ proposé par l'association Emmaüs, vous permet d'acheter en ligne des vêtements, du mobilier, de la décoration, des objets de loisir, du multimédia et de l'électroménager.
Si vous préférez voir les vêtements et objets avant d'acheter, vous pouvez toujours aller sur le site d'Emmaüs http://emmaus-france.org/ou-donner-ou-acheter/ , la carte interactive vous permet de savoir où acheter des objets d'occasion et où donner, car ne l'oublions pas, vous pouvez donner les vêtements que vous ne mettez plus, ils auront à coup sûr une seconde vie !

Utilisez des sites de troc comme My Troc https://mytroc.fr/ avec 87 000 utilisateurs et plus de 102 000 annonces

D'autres options se présentent à vous : les friperies de quartiers, les trocs et dépôt-vente, les recycleries...

Invitez vos amis autour d'un apéro-échange de vêtements avec vos collègues.

Ma mode, ma garde-robe

Faites ressemeler vos chaussures

Solutions pour diminuer l'empreinte carbone vestimentaire avec des vêtements neufs

De nombreuses start-up créent des vêtements en France, les kilomètres sont donc réduits, et certains sont même éco-responsables :

- Modetic répertorie et vend plusieurs marques de vêtements éco-repsonsables https://www.modetic.com/
- Le slip français, dont le nom trompeur, ne fabrique pas que des sous-vêtements https://www.leslipfrancais.fr/fabrication-francaise
- Orijns https://www.orijns.fr/
- 1083 https://www.1083.fr/
- Acheter français https://www.acheter-francais.org/
- DaoDavy https://daodavy.com/
- La fabrique hexagonale propose un annuaire des fabricants et marques made in France (ou en partie Made in France) http://www.lafabriquehexagonale.com/
- Monde éthique propose de nombreux vêtements que vous pouvez classer selon le critère qui vous inspire le plus (par exemple « chaussure vegan ») http://www.monde-ethique.fr/

Quelles matières privilégier pour être éco-responsable ?

- Le lyocell ou tencel (issue de la pulpe d'eucalyptus, nécessitant peu d'eau et pas d'intrants chimiques pour la transformation)

- le coton bio (qui consomme moins d'eau que le coton conventionnel)
- le lin
- le chanvre

Je n'ai pas encore pu tester les vêtements français et/ou éco-responsables car j'ai fait le choix de ne rien acheter de neuf depuis Septembre 2018. J'ai d'ailleurs eu un sourire aux lèvres lorsque j'ai constaté que Zéro Waste France avait lancé le défi « Rien de Neuf » https://riendeneuf.org/ et j'ai immédiatement relevé le défi ! Et vous ?

Méfiez-vous des produits Made In France, Made In China, Made In RPC...

Les produits Made in China et Made in RPC proviennent du même endroit car RPC signifie République Populaire de Chine.
Je ne vous incite pas de boycotter totalement le made in China, mais maintenant, vous savez qu'un vêtement parcourt en moyenne 65 000km et qu'il existe d'autres solutions beaucoup plus économiques, écologiques et éthiques.

Pour les vêtements et autres produits Made in France, faites attention à ce qu'on appelle le « frenchwashing ». En effet, certaines marques tentent de se donner une image verte en prônant de fausses démarches écologiques alors qu'en réalité, certains produits sont designés en France mais fabriqués à l'étranger, d'autres sont confectionnés en France mais leur matière première vient d'ailleurs. La réglementation du Made in France n'est actuellement pas suffisamment au point.
Pour valoriser les entreprises qui s'attachent à produire sur le sol français, assurez-vous que leurs produits aient les labels suivants :

Le site http://www.originefrancegarantie.fr/ propose d'ailleurs un annuaire de toutes les marques et produits certifiés par ce label

Dans une boutique qui vend des articles « Made in France », n'hésitez pas à poser des questions. La transparence de l'entreprise est primordiale pour assurer la confiance avec les consommateurs. Posez des questions sur le lieu de tissage, de confection, la provenance des produits. Une équipe floue dans ses réponses doit vous interpeller.

[1] WEDRESSFAIR. *Le polyester, un textile synthétique* [en ligne]. Juin 2018 [Consulté le 28 octobre 2019]. Disponible sur : https://www.wedressfair.fr/blog/le-polyester-un-textile-synthetique

[2] MTATERRE. *La vie d'un jean* [en ligne]. Consulté le 28 octobre 2019. Disponible sur : https://www.mtaterre.fr/dossiers/le-jean-la-planete-et-vous/la-vie-dun-jean

[3] LEFIGARO. *Faut-il être vraiment inconscient pour ne pas laver son jean?* [en ligne]. Anthony Vincent, Mars 2016 [consulté le 28 octobre 2019]. Disponible sur : https://www.lefigaro.fr/mode-homme/2016/03/01/30007-20160301ARTFIG00279-faut-il-etre-vraiment-inconscient-pour-ne-pas-laver-son-jean.php

[4] ITHAC. *S'habiller made in France et écologique, c'est possible grâce à Hopaal* [en ligne]. Avril 2018 [consulté le 28 octobre 2019]. Disponible sur : https://www.ithac.fr/fr/blog/habiller-made-in-france-ecologique-est-possible-grace-hopaal

[5] WIKIPEDIA. Mer d'Aral. https://fr.wikipedia.org/wiki/Mer_d%27Aral

Mon mobilier, mes objets du quotidien, mon électroménager et multimédia

"La difficulté n'est pas de comprendre les idées nouvelles, mais d'échapper aux idées anciennes." John Maynard Keynes

L'obsolescence programmée des objets a une incidence considérable sur le réchauffement climatique car nous changeons souvent de matériels et nous en achetons de nouveaux, qui ont nécessité de nouvelles matières premières et de l'énergie pour être conçus et fabriqués. Réparer les objets et acheter uniquement les produits indispensables réduit l'empreinte carbone.
Le développement de l'économie d'usage, où les objets que nous utilisons seraient loués plutôt qu'achetés, constitue un moyen de gestion et d'économie à long terme des ressources naturelles de la planète et de l'énergie.
Les batteries des appareils peuvent être régénérées ou reconditionnées au lieu de jetées alors qu'elles sont encore utilisables.
Chaque foyer possède en moyenne 99 objets électriques et électroniques[1].

Solutions pour réduire l'empreinte carbone de mes objets du quotidien

Avant d'acheter un produit, quel qu'il soit, posez-vous systématiquement la question : est-ce que j'en ai vraiment "besoin" ou seulement "envie" ? Si c'est une envie, rappelez-vous à quel point les désirs sont insatiables et la satisfaction de l'achat sera brève (jusqu'à votre prochain achat... et ainsi de suite)

Mon mobilier, mes objets du quotidien, mon électroménager et multimédia

Résistez à l'envie d'acheter un produit qui vient de sortir, afin de pouvoir prendre du recul et avoir des retours sur les avantages et inconvénients de celui-ci. Vous n'iriez pas voir un film si celui-ci était très mal noté ?
Si vous résistez à l'envie, imaginez la fierté que vous ressentirez. Si c'est un besoin, une nécessité, peut-être pouvez-vous acheter d'occasion, et ainsi faire des économies.

Le réseau Envie, spécialisé dans l'électroménager, existe depuis 35 ans et vous permet d'acheter d'occasion mais aussi d'amener vos appareils afin qu'ils soient rénovés et trouvent une seconde vie http://www.envie.org/carte-de-france/

Même pour votre vieux matelas une seconde vie est possible grâce à Recyc matelas, qui démantèle depuis 2010 des matelas pour en récupérer et revaloriser les matières premières qui y sont issus. http://www.recyc-matelas.fr/

Si vous avez du temps et que vous êtes un peu créatifs, retapez un vieux meuble, mettez-le à votre goût, vous trouverez de nombreux tutoriels à cet effet

Faites la peau à l'obsolescence programmée : voici un site pour trouver et indiquer les produits qui durent
https://www.produitsdurables.fr/
Les domaines de ce site sont très vastes (auto-moto – beauté – électroménager – informatique – multimédia – puériculture – maison – bricolage – téléphonie – vêtements)

Si vous êtes en magasin favorisez les produits A+++ (au minimum)

Avant d'acheter un produit technologique, rendez-vous sur le guide d'achat du high-tech durable :
http://www.ecoguide-it.com/fr/

Faites la même chose pour l'électroménager avec l'électroguide : https://www.electroguide.com/

Régler son compte à l'obsolescence psychologique incitée par les publicités et le marketing, en commençant par mettre un autocollant « stop pub » sur votre boîte aux lettres. Les produits en promotion peuvent vous faire faire des économies sur le moment mais risquent d'être moins performants et de tomber plus vite en panne qu'un produit acheté plus cher.

Louez votre smartphone ou votre ordinateur au lieu d'acheter grâce à https://commown.fr/
Ce site est le pionnier de l'économie d'usage (ou économie de la fonctionnalité), qui consiste à payer l'usage d'un bien plutôt que le produit lui-même.
Vous choisissez par exemple un ordinateur pour une durée de location de 36 mois ou un smartphone pour une durée de location de 20 ou 27 mois à des prix raisonnables et vous avez de nombreuses garanties (réparation, garantie vol, changement de batterie...) L'avantage de cette option c'est que vous n'avez pas une grosse somme d'argent à sortir d'un coup pour l'achat d'un nouveau portable neuf !!

Solutions pour les objets en trop que vous avez : donnez-les

De nombreux sites vous permettent de donner ou échanger vos vêtements, objets, meubles etc...

Mon mobilier, mes objets du quotidien, mon électroménager et multimédia

- Donnons.org compte 2 500 000 objets (de nombreuses catégories) et 956 518 membres https://donnons.org/
- Recupe.net http://recupe.net/
- Donne.ConsoGlobe.fr qui a plusieurs rubriques : échange, don, location, entraide, occasion https://donne.consoglobe.com/
- Vous avez des objets à donner, créer une boîte à dons, ou givebox. Ce concept créé en Allemagne vous permet de déposer des vêtements, livres, jeux… dans une box. Chacun est libre de déposer et/ou de prendre ce qu'il souhaite. Créez une givebox dans votre quartier, au sein d'une association, dans un lieu public comme un hall d'exposition ou bien encore dans votre entreprise. Sinon créez une page facebook « Givebox (plus le numéro de votre département ou votre ville par exemple) »

http://giveboxlyon.blogspot.com/2015/02/hier-dans-la-givebox-07.html
https://www.consoglobe.com/givebox-boite-don-cg

Mon mobilier, mes objets du quotidien, mon électroménager et multimédia

Solutions pour les objets en trop que vous avez et ce dont vous manquez : prêtez-les, ou louez-les

Voici une liste non exhaustive de sites dont l'art est la mise en réseau d'acteurs du prêt et de la location :

- Smiile, dont la devise est « partagez, économisez, positivez », se trouve aussi en application smartphone et présente 318 000 objets et services à partager https://www.smiile.com/
- Mutum, le réseau gratuit de prêt et d'emprunt d'objets, se trouve aussi sous forme d'application smartphone et présente 160 000 objets à mutualiser https://www.mutum.com/
- Zilok https://fr.zilok.com/ (350 000 objets de location entre particuliers ou professionnels, dans les thèmes véhicules, bricolage, vêtements, high tech, loisirs, luxe, maison, vacances)
- Allovoisins https://www.allovoisins.com/ où j'ai même trouvé des cartons de déménagement
- Lokeo, qui loue de l'électroménager neuf https://www.lokeo.fr/ J'y ai trouvé des laves linges avec dosage automatique de la lessive

La solution encore plus simple que toutes les précédentes quand un objet vous manque ? Je l'ai !
Entre l'usine et la déchetterie, une perceuse aura servie environ 12 minutes[2].
Quelle triste vie pour elle de ne pas être plus utile ? Mais vous pouvez remédier à cela ! Comment ? En collant des stickers sur votre boîte aux lettres pour indiquer à vos voisins ce que vous pouvez prêter. S'ils font de même, vous

Mon mobilier, mes objets du quotidien, mon électroménager et multimédia

pourrez leur emprunter des objets que vous n'avez pas. Economies et gains de place garantis.

Deux jeunes hommes plein de bonnes idées ont modélisé un kit « prêt entre voisins » que vous pouvez vous procurer ici http://lesecolohumanistes.fr/pret-entre-voisins/
Vous pouvez aussi créer vos propres pictogrammes.

<u>Voici la liste des objets que vous pouvez prêter (et emprunter) :</u>
- Bricolage : perceuse, escabeau, barbecue, outils de jardinage, tondeuse, taille-haie, outils électriques...
- Maison : aspirateur, fer à repasser, table à repasser, ventilateur, lave-linge, machine à coudre, voiture...
- Loisir : jeux de société, vélo, pompe à vélo, tente, matelas gonflable, duvets, livres, magazines...
- Cuisine : yaourtière, gaufrier, cafetière, robot de cuisine, moules à gâteaux, blender, extracteur de jus, ustensiles de cuisine, appareil à raclette, crêpière, marmite, cafetière, grille-pain...
- Beauté : fer à friser/lisser, sèche-cheveux, vêtements...
- Numérique : imprimante, internet, ordinateur, photocopieur...

Dans la même lignée, vous pouvez installer un tableau dans le hall de votre immeuble où chacun peut écrire quelque chose. Par exemple « absente ce week-end, il me reste des tomates, n'hésitez pas à venir les récupérer pour éviter qu'elles soient jetées »
J'ai eu l'idée du « petit tableau entre voisins » quand j'ai découvert le concept des frigos solidaires.
« Frigo solidaire[3] » est une association qui met en place des réfrigérateurs solidaires aux abords des restaurants. Les

cuisiniers y déposent les restes non finis et chaque citoyen passant dans la rue peut alors se servir gratuitement, évitant ainsi à des kilos de nourriture de finir à la poubelle.

Solution contre l'obsolescence programmée des objets et l'usure de batterie

ZUT, mon appareil rame (voir le paragraphe : « la sobriété numérique »)

ZUT, mon appareil est cassé

La première chose à vérifier c'est la garantie de l'objet. Avec un peu de chance, vous pouvez le faire réparer là où vous l'avez acheté s'il est encore sous garantie.

Sinon, tentez de diagnostiquer sa panne afin de confirmer ou infirmer sa possible réparation. Pour cela voici quelques sites qui aident tout un chacun à réparer les objets :

- Comment réparer.com
  https://www.commentreparer.com/
- Sos SAV https://www.sosav.fr/ : vous y trouverez de nombreux guides (tablettes, smartphones, batteries, consoles de jeux, informatique, accessoires) et les pièces détachées si besoin pour remettre à neuf votre produit
- Cherchez un tutoriel de réparation dudit objet :
  « Comment réparer .... », « Réparation ... »
  Si vous ne trouvez pas ou que la réparation vous semble trop compliquée, postez un message sur les

réseaux sociaux en demandant à vos connaissances si l'une d'entre elles sauraient réparer l'objet.

Si personne ne se dévoue, il vous reste toujours d'autres solutions :
- Chercher un réparateur proche de chez vous afin d'effectuer un devis
- Trouver un Repair Café près de chez vous. https://repaircafe.org/fr/visiter/ Le Repair Café est ouvert à toutes et à tous, inutiles d'être un peu bricoleur à la base. Vous y trouverez le matériel et outils pour réparer vos produits, ainsi que des experts bénévoles avec des compétences de bricolage dans des nombreux domaines (vêtements, meubles, appareils électriques, vélos, jouets...)
- Pour réparer spécialement votre vélo, vous avez les ateliers Heureux Cyclage qui se développent un peu partout en France http://www.heureux-cyclage.org/ , et l'application « Yes We Green » recense les ateliers et boutiques de réparation de vélos proches de chez vous
- Enfin, si vraiment votre appareil est hors d'usage, vous pouvez aider l'association Pour La Vie, qui réalise le rêve d'enfants atteints de la myopathie de Duchenne en recyclant ou revalorisant les smartphones et tablettes inutilisées https://www.pourlavie.org/

Zut ma batterie est à plat

Nous pensons, à tort, qu'une batterie à plat signifie qu'elle est désormais inutilisable. Vous pensez bien que les constructeurs de batteries ou d'objets en contenant une ne vont pas crier cette information sur tous les toits !! Et bien moi je le fais !

Un petit tour d'horizon des différents types de batteries vous permettra de savoir si la vôtre peut bénéficier d'une seconde vie.

Il existe de nombreux types de batteries mais les plus utilisées sont :
- Batteries au plomb (utilisée dans les voitures, industries, aviations…) peuvent être régénérées
- Batteries au lithium (smartphones, tablettes, ordinateurs, vélos et voitures électriques, outillages de bricolage…) peuvent être reconditionnées

Les batteries au plomb, utilisées pour le démarrage (voiture essence par exemple), la traction (nacelle élévatrice) et pour des objets stationnaires (éoliennes, énergies solaires, bloc de sortie de secours), pourraient fonctionner trois fois plus longtemps que ce qu'elles fonctionnent actuellement grâce à un procédé simple, le procédé Phoenix, qui consiste à régénérer la batterie. Il existe de nombreuses entreprises ayant des machines capables de faire repartir nos batteries que l'on pensait jeter.

Au fur et à mesure des cycles de charge et décharge d'une batterie, il y a un dépôt de cristaux de sulfate de plomb qui se met en place et bloque la matière active, faisant chuter les capacités de la batterie. Le principe de régénération est donc de remettre en solution ces cristaux et les casser par des ondes électriques très puissantes. Cela permet de doubler la durée de vie des batteries et cela est bon pour le portefeuille et pour la planète (quantité de déchets divisée par deux)

Les batteries au lithium ont un cycle de vie de 2 à 4 ans après fabrication, indépendamment du nombre de cycles de charge[4]. Le reconditionnement est une technique qui consiste à remplacer les cellules accumulatrices dans la batterie, tout en conservant le contenant. Il permet aussi de réparer les éventuels chocs, coups ou parties cassées de l'objet (téléphone principalement).

Voici une liste non exhaustive de site français spécialisé dans la régénération et le reconditionnement de batterie :
http://www.battery-boost.fr/
https://batteryregeneration.net/

Si la batterie est vraiment inutilisable, sachez que vous pouvez acheter des batteries seules plutôt que de racheter entièrement un objet (ordinateur, vélo électrique…) :

http://www.all-batteries.fr/
http://www.batteries-velo-electrique.com/
https://www.batteries-plus.fr/

Maintenant que vous savez ce qu'est le reconditionnement, n'ayez plus peur d'acheter des objets reconditionnés (si vous n'aimez pas les objets d'occasion, c'est déjà un geste pour la planète d'acheter reconditionné plutôt que neuf). Vous souhaitez en savoir plus, vous trouverez en lien une vidéo intéressante sur le reconditionnement[5].

Appareils reconditionnés : https://reconditionner.fr/

N'oubliez pas de vérifier sur EcoGuide que l'appareil que vous souhaitez acheter est durable http://www.ecoguide-it.com/fr/

Mon mobilier, mes objets du quotidien, mon électroménager et multimédia

Solutions Low Tech : des innovations 2 en 1, à notre service et au service de la planète

Le style de vie Low Tech consiste à répondre à des besoins de la vie quotidienne par des solutions technologiques les moins coûteuses possibles sans pour autant faire de concession sur le niveau de confort du service rendu[6]. L'activité humaine des low tech prend en considération le capital naturel à préserver (exploitation raisonnée des ressources naturelles) au lieu de le voir comme une simple source de revenus.

Voici une liste non exhaustive de produits Low Tech qui peuvent révolutionner votre quotidien :

- Un four solaire pour faire cuire les aliments sans plaque de cuisson ni électricité
- Un biodigesteur domestique pour produire du gaz naturel à partir de nos déchets organiques
- Un chauffage solaire fait d'ardoises
- Une station de phytoépuration des eaux usées
- Une douche à recyclage d'eau
- Un poêle de masse...

Retrouvez de nombreuses idées et tutoriels à faire soi-même sur le fabuleux site porté par Corentin de Chatelperron, ingénieur : le Low Tech Lab[7]

Les idées présentes sur ce site ont fait le tour du monde, et certaines ont permis d'améliorer le quotidien de millions de personnes dans les pays en voie de développement mais aussi dans les pays occidentaux. Vous avez créé quelque chose de révolutionnaire ? N'hésitez pas à créer votre page sur le site pour partager votre concession et entrer en contact avec des personnes pour améliorer votre concept.

---

[1] ECOLOGIC France. *Un foyer français possède en moyenne 99 équipements électriques ou électroniques* [en ligne]. Juin 2016 [consulté le 28 octobre 2019]. Disponible sur :
https://www.ecologic-france.com/communiques/chaque-foyer-francais-possede-en-moyenne-99-equipements-electriques-ou-electroniques.html

[2] NOUVELOBS. *"Une perceuse sert en moyenne 12 minutes" : ces objets du quotidien qui polluent le plus* [en ligne]. Timothée Vilars, Septembre 2018 [consulté le 28 octobre 2019]. Disponible sur :
https://www.nouvelobs.com/planete/20180926.OBS2949/une-perceuse-sert-en-moyenne-12-minutes-ces-objets-du-quotidien-qui-polluent-le-plus.html

[3] https://www.identites-mutuelle.com/lesfrigossolidaires

[4] ECOCOMPARE. *Batteries, les technologies* [en ligne]. Juin 2009 [consulté le 28 octobre 2019]. Disponible sur :
https://www.ecocompare.com/Batteries--les-technologies_d17.html

[5] TOUT COMPTE FAIT. *Smartphones reconditionnés made in France – Tout compte Fait* [en ligne]. 4 septembre 2017 [consulté le 28 octobre 2018]. 1 vidéo, 20 minutes. Disponible sur :
https://www.youtube.com/watch?v=JDeWXwma_Z4

[6] YOUMATTER. *Qu'est-ce que le low-tech : définition, exemple et mise en pratique* [en ligne]. Consulté le 28 octobre 2019. Disponible sur : https://e-rse.net/low-tech-definition-exemple-270059/#qs.yy5o3w

[7] https://lowtechlab.org/wiki/Accueil

Mes objets numériques et leur devenir

« Je souhaiterais vous faire part d'une révélation surprenante, j'ai longtemps observé les humains, et ce qui m'est apparu quand j'ai tenté de qualifier votre espèce, c'est que vous n'étiez pas réellement des mammifères... Tous les mammifères sur cette planète ont contribué au développement naturel d'un équilibre avec le reste de leur environnement, mais vous les humains vous êtes différents. Vous vous installez quelque part et vous vous multipliez, vous vous multipliez, jusqu'à ce que toutes vos ressources naturelles soient épuisées, et votre espoir de réussir à survivre, c'est de vous déplacer jusqu'à un autre endroit... Il y a d'autres organismes sur cette planète qui ont adopté cette méthode, vous savez lesquels ? ... Les virus. » Film Matrix

L'extraction des ressources naturelles nécessaires à la fabrication des objets numériques a un impact environnemental important sur l'écosystème et sur la santé des populations.
Une guerre des matières premières peut éclater dans les décennies à venir en raison du manque de ces ressources nécessaires pour le monde numérique et les énergies renouvelables.
L'extraction et l'assemblage des objets sont plus polluants que leur vie entière (selon l'Ademe : sur les 374 kg de CO_2 issus du cycle de vie d'une télévision, 320 kg sont émis de la production des matières premières à son assemblage[1])
Les objets numériques sont actuellement conçus de manière à ce que les composants ne puissent pas être réutilisés individuellement ou recyclés. L'écoconception doit devenir la norme pour pallier aux deux problèmes précédents.

Que trouve-t-on dans nos appareils numériques ?

Cobalt, nickel, lithium, manganèse, tungstène, graphite... (la liste est longue n'est-ce pas ?) sont extraits des roches de Notre planète. Et pour séparer ces métaux rares de la roche, il faut utiliser des solvants chimiques qui sont donc relâchés dans la Nature et dans les rivières, si bien que certains endroits du monde comptent aujourd'hui des lacs d'eau toxique, comme en Mongolie sur la photo ci-dessous, entraînant de graves problèmes de santé pour les populations alentours.
Les métaux recherchés pour la technologie sont aussi utilisés pour la fabrication d'énergies renouvelables (photovoltaïques et éoliens surtout), et en raison de leur rareté il y aura une concurrence certaine à un moment donné.
La Recherche & Développement (R&D) se poursuit pour trouver comment fabriquer des énergies renouvelables avec le moins de métaux rares possibles, et que l'on puisse recycler et/ou réutiliser.
Qui recueille les métaux rares d'ailleurs ?
La plupart du temps, les enfants et adolescents des pays émergents, souvent sans les protections adéquates.
Amnesty International (et d'autres associations et ONG) se bat contre les riches et puissantes entreprises qui trouvent des excuses pour ne pas enquêter sur leurs chaînes d'approvisionnement. Elles ne sont pas transparentes sur les risques en matière de droits humains et les atteintes à ces droits[2].

De même, l'extraction des métaux lourds requièrent souvent de déplacer des villages et leurs habitants. Au Congo, les populations sont envoyées dans les mines, femmes et enfants compris et pour de nombreux experts géopolitiques, l'exploitation du coltan joue un rôle majeur dans la guerre qui sévit dans ce pays[3].

Les déchets numériques et le recyclage, DEEE (déchets d'équipements électriques et électroniques)

En France, les cartes électroniques présentes dans de très nombreux appareils, sont recyclées. Un tonne d'entre elles contient jusqu'à 200 grammes d'or, de cuivre et de l'aluminium[4]. Un réfrigérateur contient également du cuivre, mais aussi des fluides frigorigènes d'une durée de vie très importante (chlorofluorocarbones CFC, hydrochlorofluorocarbones HCFC, chlore HFC) ayant un impact sur la couche d'ozone et l'effet de serre.

Les métaux rares ont une valeur financière très importante et de nombreux objets électroniques et électriques, jeté par les français, disparaissent de la France avant d'avoir atteint le centre de recyclage. Il n'existe aucun délit juridique concernant le trafic de déchets et d'enlèvement sauvage des déchets électroniques et électriques abandonnés sur nos voies publiques[5].

L'Office central de lutte contre les atteintes à l'environnement et à la santé publique (Oclaesp) tente de lutter contre ces trafiquants de déchets qui les récupèrent sur les trottoirs ou dans les décharges pour les exporter dans divers pays du monde[6]. Pourquoi le font-ils ? Car les métaux rares à l'intérieur peuvent rapporter beaucoup d'argent.

Les déchets électroniques disparaissent alors dans des voitures d'occasion en direction de l'Afrique. Seulement un tiers des déchets d'équipements électriques et électroniques européens seraient dépollués et recyclés. Le

reste part dans des décharges au Nigeria et au Ghana principalement[7].
Dans la décharge électronique d'AGBOGBLOSHIE au Ghana près de 40 000 personnes travaillent dans les déchets, les démontent entièrement mais cela engendre de nombreuses maladies[8]. Une marée noire électronique créée par la décharge progresse dangereusement vers l'Atlantique. Un écran plasma contient suffisamment de métaux pour polluer 50mètres cube de terre pendant trois décennies[9].
Les conséquences sanitaires pour les populations locales sont dramatiques. Les métaux rares sont respirés, ingérés (eau, nourriture) par des enfants, hommes, femmes, femmes enceintes et fœtus.
Au Ghana, une fois que les produits sont démantelés, les métaux rares sont rachetés par des grossistes locaux puis revendus soit localement soit à l'international. Il est assez difficile de suivre la trace de ces bouts de métaux.
Les états tentent de se mettre d'accord sur une réglementation stricte.

Les DEEE sont donc un problème majeur pour l'environnement, et on constate bien ici l'interconnexion entre les pays développés et les pays émergents. Le libre-échange a favorisé l'émergence de trafic.
Les gouvernements sont devant une impasse. En effet, ce trafic « fait vivre » de nombreuses personnes dans les pays en voie de développement, en même temps qu'il les « tue à petit feu » par les problèmes de santé qu'il engendre. Le problème n'est pas uniquement celui des pays en voie de développement puisque les fluides frigorigènes présents dans les réfrigérateurs se répandent dans l'atmosphère et participe au dérèglement climatique (trou dans la couche d'ozone, effet de serre). Bien que les réglementations au

sein d'un pays soient nécessaires, on constate qu'elles ne sont pas suffisantes et que les fuites existent. Si on part du principe qu'un problème qui sort de notre pays n'en est plus un, nous allons droit dans le mur puisque, comme nous l'avons vu, tout est lié. Une pollution à 1000 km de chez nous, peut avoir une influence chez nous.
Au sujet des métaux rares et de leurs appropriations par les différents pays du monde, je vous conseille le livre de Guillaume PITRON « *La guerre des métaux rares : La face cachée de la transition énergétique et numérique*[10] »

Economiquement parlant, stopper du jour au lendemain le trafic et fermer les décharges comme celles du Ghana constituerait « le début de la fin » pour les « travailleurs des déchets ». Il faut donc à mon avis, prendre en compte plusieurs points pour démanteler un tel réseau :

Solutions pour une meilleure gestion de DEEE :

Dans les pays industrialisés :
- Renforcer la surveillance dans les ports de commerce et en amont, dans les décharges municipales pour éviter les trafics de déchets
- Créer davantage d'usines de recyclage, améliorer les techniques de séparation des métaux rares

Dans les pays où se trouvent les décharges :
- Ne plus accepter les déchets venus d'autres pays et les renvoyer chez eux
- Fermer les décharges, y installer des usines de recyclage pour former et faire travailler les « travailleurs des déchets actuels » afin d'épurer

l'intégralité des décharges grâce à la biorémédiation (voir le paragraphe à ce sujet)

Partout :
- Tous les designers, concepteurs et fabricants doivent passer à la méthode de l'écoconception et à la fabrication modulaire pour réduire drastiquement les déchets futurs
- L'écoconception consiste à envisager le recyclage (le plus simple et efficace) dès le design du produit.
- La fabrication modulaire permettrait de changer les composants individuellement sans changer tout l'appareil.
- Les entreprises doivent utiliser la méthode de substitution, et ainsi remplacer les métaux rares énergivores par des métaux rares moins énergivores, les recherches à ce sujet sont en cours.

Solutions pour restaurer les sols pollués par des déchets, du pétrole... La biorémédiation, l'écocatalyse

Petite note sur les métaux rares : Les métaux sont des éléments du tableau périodique des éléments qui ne peuvent pas être dégradés par la nature car ils y sont présents à l'état naturel. Par contre on peut les extraire et les accumuler grâce à des plantes, des champignons et du compost.

L'écocatalyse combine l'écologie et la chimie et s'inspire du vivant (biomimétisme) pour résoudre des problèmes divers en utilisant la chimie verte (c'est-à-dire une chimie qui utilise exclusivement des produits naturels[11]).

La bioremédiation (ou phytoremédiation) est un processus qui utilise des organismes vivants (plantes, champignons, arbres...) en vue de supprimer les contaminants nocifs pour l'environnement présents dans des milieux pollués (sols, eaux, ...).
Les organismes utilisés peuvent être des plantes (phytoremédiation), des champignons (mycoremédiation, ou un savant mélange de plusieurs organismes en fonction du sol pollué, de sa géographie, des espèces indigènes présentes autour...

Dit plus simplement : comment dépolluer et guérir les sols avec les plantes !!
Il existe plusieurs méthodes de phytoreméditaion :
- La phytoextraction : les plantes présentes sur le site récupèrent les éléments nocifs du sol par l'intermédiaire de leurs racines et les accumulent dans leurs feuilles
- La phytodégradation : les plantes rassemblent les éléments nocifs du sol (pétrole par exemple) au niveau de leurs racines et les détruisent[12]

Ces techniques se développent un peu partout dans le monde, en même temps que la recherche continue, comme par exemple dans un ancien gisement minier dans les Cévennes (France), ou sur le site de l'ancienne usine Pétromont à Montréal (Canada)[13].

Solutions à mon échelle pour contrecarrer la mauvaise gestion des DEEE

Pour éviter à vos déchets électroniques de se retrouver dans des décharges à ciel ouvert, ne mettez pas vos appareils inutilisables sur la voie publique, emmenez-les à la déchetterie de votre commune.

Trouver les points de collecte proche de chez vous pour le recyclage de vos produits technologiques et électroménagers : https://www.ecologic-france.com/

Trouver les points de collecte petits électroménagers/piles : https://www.eco-systemes.fr/

---

[1] ADEME. J. Lhotellier, E. Less, E. Bossanne, S. Pesnel. *Modélisation et évaluation des impacts environnementaux de produits de consommation et biens d'équipement.* 2018 [consulté le 28 octobre 2019]. Disponible sur : https://www.ademe.fr/sites/default/files/assets/documents/acv-biens-equipements-201809-rapport.pdf

[2] AMNESTY. *Ces enfants qui travaillent sur nos batteries* [en ligne]. 15 novembre 2017 [consulté le 28 octobre 2019]. Disponible sur : https://www.amnesty.fr/responsabilite-des-entreprises/actualites/cobalt

[3] WIKIPEDIA. *Coltan* [en ligne].Consulté le 28 octobre 2019. Disponible sur : https://fr.wikipedia.org/wiki/Coltan

[4] INDUSTRIE & TECHNOLOGIE. *Recyclage : les cartes électroniques, une vraie mines d'or* [en ligne]. Avril 2018 [consulté le 28 octobre 2019]. Disponible sur : https://www.industrie-techno.com/article/recyclage-les-cartes-electroniques-une-vraie-mine-d-or.52717

[5] ADEME. *La face cachée du numérique* [en ligne]. 2018 [consulté le 28 octobre 2019]. Disponible sur : https://www.ademe.fr/sites/default/files/assets/documents/guide-pratique-face-cachee-numerique.pdf

[6] WIKIPEDIA. *Oclaesp*. https://fr.wikipedia.org/wiki/Office_central_de_lutte_contre_les_atteintes_%C3%A0_l%27environnement_et_%C3%A0_la_sant%C3%A9_publique

[7] FRANCETVINFO. *Des voitures d'occasion chargées de déchets électroniques pour l'Afrique* [en ligne]. Martin Mateso, Avril 2018 [consulté le 28 octobre 2019]. Disponible sur : https://www.francetvinfo.fr/monde/afrique/environnement-africain/des-voitures-doccasion-chargees-de-dechets-electroniques-pour-lafrique_3055045.html

De toute l'écriture du livre, la vidéo suivante est celle qui m'a le plus émue :

[8] FRANCE 5. *Le monde en face : déchets électroniques, le grand détournement* [en ligne]. Janvier 2019 [consulté le 28 octobre 2019]. 1 vidéo, 3 minutes. Disponible sur : https://www.facebook.com/france5/videos/423251731749510/?v=423251731749510

[9] FRANCE 5. *Le monde en face : déchets électroniques, le grand détournement* [en ligne]. Janvier 2019 [consulté le 28 octobre 2019]. Disponible sur : https://www.facebook.com/france5/videos/423251731749510/?v=423251731749510

[10] PITRON G. *La guerre des métaux rares : La face cachée de la transition énergétique et numérique*. LLL. 10 janvier 2018. 296 pages. ISBN 979-1020905741

[11] TEDxTALK. *L'écocatalyse, une révolution écologique et économie verte ? | Claude Grison | TEDxParisSalon* [en ligne]. Novembre 2015 [consulté le 28 octobre 2019]. 1 vidéo, 8 minutes. Disponible sur : https://www.youtube.com/watch?v=0k7ysU94kg8

De toute l'écriture du livre, la vidéo suivante est celle qui m'a le plus donné d'espoir :

[12] FUTUREMAG ARTE. *Dépolluer les sols avec des plantes* [en ligne]. Novembre 2014 [consulté le 28 octobre 2019]. 1 vidéo 13 minutes. Disponible sur : https://www.youtube.com/watch?v=s2023l5Gl58

[13] FUTUREMAG ARTE. Dépolluer les sols avec des plantes [en ligne]. Novembre 2014 [consulté le 28 octobre 2019]. 1 vidéo 13 minutes. Disponible sur : https://www.youtube.com/watch?v=s2023l5Gl58

Mes fêtes

« Quand le dernier arbre sera abattu, la dernière rivière empoisonnée, le dernier poisson capturé, alors le visage pâle s'apercevra que l'argent ne se mange pas » Sitting Bull

Solutions pour faire des cadeaux à l'empreinte environnementale réduit

<u>Vous n'osez pas faire cadeau à votre ami un objet acheté dans une friperie ? Alors voici plusieurs idées pour faire plaisir tout en étant le plus respectueux possible de la planète :</u>

- Le site artisan du monde recense les artisans qui produisent équitablement des objets (mode, maison, bien-être) et des produits alimentaires. En plus, pour chaque objet, vous savez exactement d'où il vient https://www.boutique-artisans-du-monde.com/
- Offrez un moment d'exception chez un artisan proche de chez vous avec https://wecandoo.fr/
- Optez pour un cadeau solidaire (voir la rubrique : mon argent solidaire)
- Emballez votre cadeau avec du tissu grâce à la méthode furoshiki dont voici un tutoriel sur youtube https://www.youtube.com/watch?v=nUEc6zlroOU
Vous trouverez bien des foulards sur leboncoin et cette technique vous permettra de faire fureur à Noël ! Quelqu'un de votre famille reprendra à coup sûr l'idée au prochain Noël !
- Vous cherchez des idées de cadeaux qui ne viennent pas du bout du monde et qui sont presque zéro déchets ? Un abonnement au cinéma, une place pour un évènement

sportif, un billet pour un concert, un bon d'achat musical, un livre, ce livre, un soin en institut beauté/bien-être, un abonnement à un magazine, un billet spectacle, un abonnement fitness, un billet pour un parc d'attractions, un atelier (cuisine, DIY savon, produits ménagers...)
Noël, c'est aussi une période remplie d'amour, de solidarité et de tolérance, et si vous souhaitez instaurer une action solidaire à cette période, vous pouvez réaliser un calendrier inversé. Cela consiste à mettre tous les jours dans un panier un petit cadeau (objet utile, un vêtement, un produit de toilette, des friandises...) et le jour de Noël, on offre le tout à quelqu'un qui en a vraiment besoin, un Sans Domicile Fixe ou une association par exemple. Si vous ne souhaitez pas attendre Noël pour mettre un place cet acte désintéressé, vous pouvez le faire tous les mois sur une semaine, ce qui constitue donc sept petits cadeaux à offrir.
Créez un sapin de Noël zéro déchet.
https://zerodechetlyon.org/un-noel-qui-sent-le-sapin/ et https://groenlabo.com/blogs/news/ta-deco-de-noel-zero-dechet

Solution pour des soirées « zéro déchet »

Tout au long de l'année mais surtout l'été, le pique-nique et les soirées entre amis ou en famille sont prisées. Il arrive parfois que l'organisation soit « bancale » et qu'il manque des gobelets, des couverts...
Répartissez les rôles ou choisissez une personne pour gérer la logistique et prévoyez : des couverts, assiettes et verres réutilisables comme les Ecocup[1], des gourdes pour l'eau, un

cendrier de poche pour les fumeurs, un sac poubelle pour les déchets non recyclables et un carton pour les déchets recyclables.
Soudoyez une personne de confiance (ou faites-le vous-même) pour le recyclage en fin de soirée.

L'idéal serait qu'une personne gère les courses afin qu'elle organise au mieux les courses zéro déchet.

Préférez les boissons locales servies dans des bouteilles en verre ou consignées (bières, vins...)
Optez pour des biscuits apéritifs en vrac pour éviter les emballages plastiques.

Ne faites pas de barbecue : stoppez la viande et le poisson pour protéger notre planète. Si cela est impossible, demandez à chacun ce qu'il souhaite manger pour éviter de faire cuire trop de brochettes ou de merguez qui finiront à la poubelle, ou tentez de limiter à une brochette, une merguez par personne (en terme d'apport protéique, c'est largement suffisant).

Régulièrement en cours de soirée et à la fin, faites une tournée du lieu pour récupérer les éventuels déchets qui seraient tombés au sol.

Dispatchez les restes alimentaires entre les différents membres de la fête.

---

[1] https://www.ecocup.fr/fr/

Mes achats en tout genre

« L'homme a besoin de se tromper lui-même : d'une part, il sauve une espèce qui a perdu sa capacité de survivre, d'autre part, il accélère la destruction de l'environnement qui lui permettait de subsister. Cultiver la sagesse en même temps que la force permet d'éliminer la violence et d'établir des relations plus constructives avec son environnement. L'écologie est aussi et surtout un problème culturel. Le respect de l'environnement passe par un grand nombre de changements comportementaux » Nicolas Hulot

La méthode Bisous

Inventée par Marie Duboin Lefèvre et Herveline Verdeken, auteures de « J'arrête de surconsommer ! 21 jours pour sauver la planète et mon compte en banque[1] » et créatrices de la page facebook « gestion budgétaire, entraide et minimalisme », cette méthode propose de nous poser 5 questions avant tout achat :

B comme besoin : ais-je vraiment besoin de cet achat ? Ou suis-je en train d'acheter pour me conformer à une norme sociale ?

I comme immédiat : J'attends quelques jours avant de m'acheter cet article et je m'interroge

S comme semblable : Ai-je déjà un objet qui a cette utilité ? Certains produits sont polyvalents (robots ménagers par exemple)

O comme origine : Qu'elle est l'origine de ce produit ? A-t-il été créé dans des conditions qui me conviennent (mauvaise condition de travail du producteur, mauvais pour la santé ou pour l'environnement etc.)

U comme utile : Cet objet va t-il m'être utile ? Va-t-il apporter un confort primordial dans mon quotidien ? Comment je faisais pour m'en passer avant[2] ?

La méthode des 5 R et du P

Refuser d'acheter toujours plus
Réparer ses appareils
Réemployer en donnant ou en vendant
Réutiliser en favorisant l'économie circulaire
Recycler
Sans oublier le Partage

---

[1] VERBEKEN H., LEFEVRE M. *J'arrête de surconsommer !: 21 jours pour sauver la planète (et mon compte en banque !)*. Eyrolles, 14 mars 2017. 100 pages. J'arrête de. ISBN 978-2212565911

[2] TERRE AGIR. *La méthode bisou ou comment éviter les achats impulsions* [en ligne]. Amélie Brault [consulté le 28 octobre 2019]. Disponible sur : https://terre-agir.com/methode-bisou-eviter-achats-compulsifs/

Mon déménagement, mon aménagement

« C'est une triste chose de songer que la nature parle et que le genre humain n'écoute pas » Victor Hugo

Vous souhaitez déménager mais ne voulez pas vous encombrer en amenant tous vos meubles ? Ou bien vous emménagez et souhaitez acheter des meubles d'occasion proches de chez vous et au même endroit ? Ce site est fait pour vous :
https://www.lescartons.fr/

Personnellement je trouve l'idée révolutionnaire : mettre en ligne les vide-appart de façon géolocalisée. Le gros avantage c'est qu'une seule annonce suffit pour l'ensemble des meubles que l'on souhaite vendre (ou acheter). C'est aussi bon pour la planète, bon pour la convivialité, bon pour le porte-monnaie. Bravo à ceux qui ont créé cette plateforme !

Louez ou empruntez vos cartons de déménagement en demandant à vos voisins s'ils en ont ou regardez sur les sites d'emprunt et de location entre particulier cités précédemment

Mon univers sur la toile

« Il est hélas devenu évident aujourd'hui que notre technologie a dépassé notre humanité » Albert Einstein

Le numérique que nous consommons engloutit 10 % de l'électricité mondiale[1].
Nous pouvons réduire notre impact en adoptant des gestes simples, en appliquant au numérique le principe de la sobriété, en changeant nos états d'esprit et en décentralisant les datas center, en concevant mieux les logiciels et en limitant l'obsolescence programmée de ces derniers.

Solutions pour réduire votre empreinte carbone numérique

Utilisez des moteurs de recherche qui s'engagent pour l'environnement et le social :
- Comme Ecosia, d'origine Allemande, qui plante des arbres grâce à vos recherches ; un arbre par seconde est planté. 50 millions d'arbres ont été planté entre 2009 et 2016. Ecosia plante des arbres en reversant 80 % de ses bénéfices pour la reforestation partout dans le monde. Vous qui pensiez que vous actes les plus basiques ne pouvaient pas inverser le cours des choses ! https://www.ecosia.org/
- Comme Lilo, inventé par des Français, qui soutient des projets sociaux et environnementaux et qui en plus, ne collecte pas vos données https://www.lilo.org/fr/
- Vous aimez aussi soutenir la cause animale ? Voici Youcare, un moteur de recherche français qui a déjà distribué 85 000 repas aux animaux abandonnés https://youcare.world/?l=fr

Changez de mailing pour une boîte mail écoresponsable

Lilo propose une boîte mail qui présente 6 avantages : protéger votre vie privée, pas de limite de taille des pièces jointes, un email éthique et solidaire en reversant des gouttes d'eau (des points) aux projets de vos choix, des serveurs rapides et hébergés en France, un changement rapide et surtout un email à faible impact énergétique grâce à un système de gestion efficace des pièces jointes qui vous avertis lorsque des pièces jointes inutiles et volumineuses occupent votre espace.

Pour le faire dès à présent, c'est très simple, rendez-vous sur https://mail.lilo.org/

Et si vous tentiez de changer les boîtes mail de l'entreprise où vous travaillez en leur faisant découvrir Lilo ?

Pour réduire votre empreinte écologique sur la toile, voici quelques gestes à adopter :

Dans votre boîte mail :
- Supprimer les anciens mails et les spams
- Refuser les newsletters
- Sachez que CleanFox https://www.cleanfox.io/fr-FR/ vous permet de vous désabonner de toutes les newsletters d'un coup
- Ne mettez pas de photo dans les signatures en bas de mails

Sur votre chaîne youtube, les réseaux sociaux et sur votre site web :
- Supprimez les anciens contenus
- Privilégiez le stockage sur disque dur externe
- Utilisez des cloud éthiques
-

- Rejoignez le réseau des CHATONS : le Collectif des Hébergeurs Alternatifs, Transparents, Ouverts, Neutres et Solidaires https://chatons.org/fr qui rassemble des structures souhaitant éviter la collecte et la centralisation des données personnelles au sein de silos numériques du type de ceux proposés par les GAFAM que vous connaissez bien (Google, Amazon, Facebook, Apple et Microsoft)
- Choisissez un hébergeur vert et écologique comme Infomaniak ou Ikoula https://www.infomaniak.com/fr/hebergeur-ecologique, https://www.ikoula.com/fr/hebergement-web-eco-responsable
- Vous êtes entrepreneur ou vous travaillez au sein d'une grande entreprise et vous souhaitez en savoir plus ? Formez-vous aux bonnes pratiques à adopter pour le numérique avec Frédéric Bordage, créateur et animateur du site GreenIt, qui œuvre aux changements des mentalités pour que le monde du numérique devienne durable et responsable https://www.greenit.fr/

Qu'est-ce qui consomme le plus d'énergie sur le web ?
Le streaming ! Regarder une vidéo d'une heure sur son téléphone représente la consommation électrique d'un réfrigérateur branché pendant un an.
Regarder les vidéos en plus basse définition diminue l'empreinte carbone.

Solutions à grande échelle pour diminuer l'impact des data centers sur le réchauffement climatique : bioclimatisme et décentralisation

Nous sommes à l'air du big data (en français : données massives).
Les datas centers, ou centre de données, sont des lieux de stockage de données (vous savez, vos adresses mail, âge, lieu de résidence...). Les serveurs qui traitent, enregistrent et stockent les données doivent abriter un système de distribution d'énergie, des réserves d'énergie, un système de ventilation et de refroidissement, et une puissante connexion internet ; tout cela demande une consommation accrue d'électricité.
Une part de la consommation énergétique d'un data center se fait pour la climatisation, la ventilation, le refroidissement.

Solution 1 : Le data center éco-responsable :

Des Green Data Center ou data center éco-responsables sont en train de voir le jour, comme le Green Mountain data center de Norvège qui opte pour une ventilation et une fraîcheur naturelle en créant des installations sous-terraine[2] ; comme Microsoft qui se met aux data center immergés dans les océans[3] ; ou comme le data center nouvelle génération du Val de Reuil en Normandie[4], qui utilise la technique du free cooling[5] c'est-à-dire la différence de température entre l'air en sortie des ordinateurs et la température de l'air extérieur pour refroidir ses espaces, c'est un peu le principe de la maison bioclimatique appliqué aux data centers.

Solution 2 : Le data center urbain :

Des data center installés dans les bâtiments permettent de chauffer l'eau des tous les appartements. La chaleur issue

des serveurs est alors recyclée, réutilisée, on pourrait même parler de cogénération.
La cogénération est la production simultanée de deux formes d'énergie différentes au même endroit. Le cas le plus fréquent est la production de chaleur (eau chaude) issue de la production électrique. Plus globalement, la cogénération valorise une forme d'énergie habituellement considérée comme un déchet et inexploitée.
La plupart du temps, la chaleur des serveurs est rejetée dans l'atmosphère. Il est désormais possible de la valoriser pour chauffer l'eau..

Une chaudière numérique correspondrait à 20 à 40 serveurs et permettrait de chauffer l'eau de 20 à 40 logements[6].

Solution 3 : La décentralisation des data center, ou data center maison :

De la même manière qu'il est désormais possible de chauffer l'eau dans des appartements grâce aux serveurs numériques, les appartements entiers peuvent être chauffés. Un ingénieur a créé des radiateurs-ordinateurs qui chauffent des appartements grâce à des serveurs placés dans les chauffages. Ces serveurs sont utilisés par des entreprises alentours à l'immeuble. Ces radiateurs sont équipés de cartes mères d'ordinateur qui vont travailler à distance pour des entreprises et cela va permettre de chauffer le bâtiment[7]. La résidence Florestine[8] à Bordeaux va être la première au monde à être équipée de ce chauffage pour 49 logements, courant 2019.

Solution ultime pour réduire l'impact du numérique : La sobriété (limitation des mises à jour, écoconception de logiciels, stockage externe des données)

Les sms, mails, vidéos et données numériques sont transportés d'un bout à l'autre de la planète par des dizaines de milliers de mètres de câbles de fibres optiques qui sont déposés dans les océans. Le premier câble sous-marin pour le télégraphe a été installé en 1850[9] entre la France et le Royaume-Unis. Le premier câble de fibre optique fait son apparition en 1988[10].

L'expansion du numérique a un impact environnemental colossal. L'impact le plus important correspond à l'extraction des ressources et la fabrication des produits, il est donc primordial d'acheter moins souvent, de réparer, réemployer, de mettre en place l'économie de fonctionnalité et combattre les obsolescences programmée et psychologique.
Le gras numérique, terme inventé par Frédéric Bordage, fondateur du site Green It qui informe sur les enjeux du numérique responsable et durable, correspond à un trop plein d'informations envoyé sur nos appareils (trop d'octets), et qui réduirait considérablement leur durée de vie en provoquant un ralentissement (le smartphone qui rame tout le monde connaît) des logiciels et applications présents. Ce trop-plein d'octet en circulation sur nos appareils s'obtient grâce aux mises à jour, aux installations des versions plus récentes d'applications et logiciels[11].
De ce fait, il faut uniquement réaliser les mises à jour indispensables.

Mon univers sur la toile

Les logiciels doivent désormais être éco-conçu, en limitant le nombre de fonctionnalités, qui induisent du gras numérique à charger en mémoire.
De même, les sites Internet peuvent proposer deux interfaces proposant les mêmes services : une interface « normale » et une interface économique.

Le cloud et la 4G sont aussi de gros puiseurs d'énergie. En effet, le cloud oblige à télécharger le contenu auquel nous souhaitons accéder, et ce téléchargement utilise autant d'énergie que l'énergie qu'on aurait utilisée pour stocker le contenu pendant un an. De même, transporter une donnée en 4G demande 23 fois plus d'énergie que via une connexion Wifi[12].
Ainsi l'usage du cloud devrait être réservé aux urgences, et nous devrions privilégier le stockage des données sur disques durs externes.

La sobriété numérique passe par un changement de point de vue à grande échelle : écoconception de logiciels, limitation des mises à jour, décentralisation des data centers ; mais aussi à notre échelle individuelle, par un changement d'habitudes qui ne prend pas longtemps à mettre en place, mais dont l'impact positif sera important si on s'y met tous.

---

[1] ZDNET. *Le numérique consomme 10% de l'électricité mondiale* [en ligne]. 19 Août 2013 [consulté le 28 octobre 2019]. Disponible sur : https://www.zdnet.fr/actualites/le-numerique-consomme-10-de-l-electricite-mondiale-39793222.htm

[2] https://greenmountain.no/

[3] LEMONDEINFORMATIQUE. *Après des premières expérimentations en Californie, le projet Natick de datacenter immergés entre dans une seconde phase en Ecosse* [en ligne]. Serge Leblal. Consulté le 28 octobre 2019. Disponible sur : https://www.lemondeinformatique.fr/actualites/lire-microsoft-immerge-un-datacenter-en-ecosse-71969.html

[4] https://www.orange.com/sirius/datacenter/

[5] ENR'CERT. *L'efficacité énergétique dans les data center* [en ligne]. Anthony Barbier, Novembre 2016 [consulté le 28 octobre 2019]. Disponible sur : https://www.actu-environnement.com/media/pdf/news-27968-data-center-atee.pdf

[6] LE MONITEUR. *Stimergy réinvente l'eau chaude* [en ligne]. Florent Lacas, Septembre 2016 [consulté le 28 octobre 2019]. Disponible sur : https://www.lemoniteur.fr/article/stimergy-reinvente-l-eau-chaude.1302164

[7] QARNOT – COMPUTING ANYWHERE
https://www.qarnot.com/fr/home-fr/

[8] GIRONDE. *Résidence Florestine : innovation technologique et sociale* [en ligne]. Décembre 2018 [consulté le 28 octobre 2019]. Disponible sur : https://www.gironde.fr/actualites/residence-florestine-innovation-technologique-et-sociale

[9] WIKIPEDIA. *Câble sous-marin* [en ligne] Disponible sur : https://fr.wikipedia.org/wiki/C%C3%A2ble_sous-marin#frb-inline

[10] UNIVERSFREEBOX. *Fibre optique : le premier câble transatlantique fête ses trente ans* [en ligne]. Consulté le 28 octobre 2019. Disponible sur : https://www.universfreebox.com/article/44282/Fibre-optique-le-premier-cable-transatlantique-fete-ses-trente-ans

[11] GREEN IT. *SEDD 2016 : je lutte contre le gras numérique* [en ligne]. Frédéric Bordage, Mai 2016 [consulté le 28 octobre 2019]. Disponible sur : https://www.greenit.fr/2016/05/31/sedd-2016-je-lutte-contre-le-gras-numerique/

[12] SCIENCES ET AVENIR. *Les données mobiles seraient bien plus énergivores que les datacenters* [en ligne]. Sarah Sermondadaz, Août 2018 [consulté le 28 octobre 2019]. Disponible sur : https://www.sciencesetavenir.fr/high-tech/les-donnees-mobiles-seraient-bien-plus-energivores-que-les-datacenters_115559

Ma construction, mon habitation

« Le secret du bonheur ne consiste pas à rechercher toujours plus, mais à développer la capacité d'apprécier avec moins » Dan Millman

Transformer l'urbain est l'un des moyens les plus efficaces et rapides de renverser la dynamique du changement climatique : les villes sont responsables de 70% des émissions de gaz à effet de serre[1]. La moitié de la population est urbaine et ce sera 75% de la population qui le sera en 2050[2].
Les villes doivent être le premier lieu de réinvention.
Les endroits plus denses ont tendance à avoir moins d'émission, car nous avons plus de choses disponibles à pieds.
Pour cela il faut passer de la maison idéale au quartier idéal, où la nature et le vivant se mêlent aux constructions humaines, comme le font les éco-quartier. L'urbain doit être reconquit par le végétal.
L'écoconception doit être appliquée dans le domaine du BTP.
L'impact des matériaux et de l'énergie grise doit être calculé.
L'espace interne des habitations doit être optimisé pour le gain de place.

Solution : utiliser des matériaux de construction plus respectueux de l'environnement : bois, paille, terre

Le ciment a deux problèmes : son liant et le sable dont il est constitué

Ma construction, mon habitation

L'industrie cimentière représente à elle seule 5 à 7% des émissions mondiales de gaz à effet de serre[3].
Le problème principal du ciment vient de la décarbonatation de la chaux (60% des émissions du ciment[4]). La chaux est tirée du calcaire que l'on brûle pour en retirer le CO2 (le calcaire contient naturellement du CO2). Le CO2 est ensuite rejeté dans l'atmosphère. La cuisson des éléments pour fabriquer le clinker (élément du ciment) se fait à plus de 1450°[5]. Ainsi, à partir de calcaire est fabriqué le clinker, un liant hydraulique du béton classique, très polluant.
Les recherches pour créer du ciment bas carbone sont en cours.

L'autre problème majeur du béton est qu'il nécessite du sable pour être créé. Or le sable des déserts est inutilisable pour produire du béton et il faut du sable extrait de carrières, des fleuves ou des plages, entraînant indirectement de la déforestation.

D'autres matériaux plus respectueux de l'environnement sont d'ores et déjà sur le marché du BTP : le bois, la paille, la terre...

Solution : faire le point sur les normes des constructions individuelles et des maisons d'occasion, ajouter des éléments pour réduire la consommation énergétique

Isolation des bâtiments non neufs
Les logements construits avant 1974 n'étaient soumis à aucune réglementation thermique et donc à aucune obligation d'isolation.

Les logements construits entre 2006 et 2012 étaient soumis à la réglementation thermique 2005 (RT 2005), Depuis le 1er janvier 2013, les logements neufs sont soumis à la nouvelle réglementation thermique (RT 2012), dont l'objectif est de généraliser les "bâtiments basse consommation" BBC.
En 2020, le RT2020 va être mis en place, sa réglementation correspondra aux « bâtiments à énergie passive ou positive » BEPOS[6].

<u>Maison Bâtiment Basse Consommation (BBC) ? Maison bioclimatique ? Maison passive ? Maison à énergie positive (BEPOS) ? Ecoconstruction ? Maison recyclable ? Tiny House ?</u>

Une maison BBC (Bâtiment Basse Consommation) est encadrée par la réglementation thermique RT 2012. C'est la réglementation standard obligatoire actuelle pour les constructions neuves.

Une maison bioclimatique est conçue dans le but de respecter la nature et d'en tirer profit en même temps. Ainsi, sa consommation en énergie est réduite au minimum possible, et le confort qu'elle donne pendant toute l'année est assuré au maximum. Toutefois, elle n'est pas obligatoirement passive.

Une maison passive repose sur un concept de construction très basse consommation, basé sur l'utilisation de l'apport de chaleur « passive » du soleil, sur une très forte isolation (des murs, des fenêtres, etc.), sur l'absence de ponts thermiques (notamment grâce à une isolation par l'extérieur), sur une grande étanchéité à l'air ainsi que sur le contrôle de la ventilation. Une maison passive consomme 90 % d'énergie de chauffage en moins qu'une construction ancienne. Et 50 % de moins qu'une maison nouvellement construite selon la réglementation thermique actuelle (RT 2012), standard BBC[7].

Pont thermique : Zone de faiblesse dans l'enveloppe d'un bâtiment. Il se caractérise par une forte déperdition thermique et des phénomènes de condensation (traces noires, moisissures...). On constate qu'une isolation par l'extérieur évite les ponts thermiques. Les ponts thermiques laissent s'échapper une quantité importante de chaleur.

Pont thermique (photo prise avec caméra thermique)

Une maison à énergie positive, aussi appelée maison autonome produit plus d'énergie (électricité, chaleur) qu'elle n'en consomme pour son fonctionnement. Ses grands principes[8] reposent sur :
- Une isolation thermique renforcée avec des fenêtres de grande qualité (hermétiquement fermés, des châssis de haute qualité empêchent les fuites thermiques)

- Une suppression des ponts thermiques par une isolation en extérieur
- Une excellente étanchéité à l'air
- Une ventilation double flux
- L'utilisation de l'énergie solaire de manière passive, c'est-à-dire en concevant les fenêtres, les murs et les planchers de manière à recueillir, stocker et distribuer l'énergie solaire sous forme de chaleur en hiver et rejeter la chaleur solaire en été selon les lois de la thermodynamique
- Des protections solaires (casquette de toiture...) et dispositifs de rafraîchissement passifs (fondations, ventilation naturelle, puit canadien...)
- Des appareils ménagers basse consommation
- La production d'énergie (solaire, pompe à chaleur...)
- La récupération d'eau de pluie. Un bassin de rétention des eaux de pluie est désormais une obligation dans notre pays pour diminuer les risques d'inondation.
- L'épuration autonome naturelle par lagunage

Une écoconstruction ajoute aux principes précédents le choix des matériaux de construction (maison en bois, maison en paille, maison en terre...), la taille de l'habitat (le plus petit possible), la conception même (l'utilisation d'un nombre réduit de machines), le lieu de vie (proche des transports en commun) et les matériaux recyclés (à utiliser le plus possible).

Dans la démarche d'une construction neuve, il faut prendre en considération l'énergie grise dépensée en amont de la construction (d'où viennent les matériaux, ont-ils faits beaucoup de kilomètres, le bois est-il géré durablement), le recyclage des matériaux : le bois est recyclable tandis que le béton ne l'est pas ; dans l'isolation, la laine de mouton est recyclable tandis que d'autres isolants ne le sont pas ; et les facilités alentours (transports en commun, commerces accessibles à moins de quinze minutes à pieds...)

Une maison entièrement recyclable ? C'est le défi fou de certains fabricants.

Pop-Up House, maison en bois et en polystyrène (oui le polystyrène peut être recyclé à 100%[9])

Wikklehouse[10], maison faite en carton recyclé et qui est recyclable

Les Tiny House sont des micro maison sur remorque, designées de façon à optimiser l'espace au maximum tout en prônant la simplicité volontaire (aussi appelée sobriété et qui consiste à réduire volontairement sa consommation). Le site de Tiny House France[11] vous fournira de nombreux outils et exemples concernant la législation, l'autoconstruction et les constructeurs de tiny house.

Ma construction, mon habitation

<u>Pour la construction de maisons individuelle, voici quelques conseils et détails à savoir avant de choisir son constructeur :</u>
- Plus une maison est cubique, moins elle perd de chaleur
- Une maison dont le salon est orienté Sud est plus économique car nous passons plus de temps dans la pièce à vivre.
- Au Nord de la maison : garage, buanderie
- Pour diminuer la chaleur l'été, la toiture peut être équipée d'une casquette pour éviter que le Soleil n'entre dans la pièce (le Soleil est bas l'hiver donc la chaleur rentrera dans la maison tandis qu'il est haut l'été, la casquette ne gênera donc pas l'hiver mais sera efficace l'été)

Si vous choisissez de faire construire une maison traditionnelle, elle sera forcément BBC RT2012. En 2020, la norme RT2020 BEPOS (passive ou à énergie positive) verra le jour.

<u>Dans tous les cas de constructions ou de rénovations, vous pouvez ajouter des éléments pour diminuer encore davantage l'impact environnemental de votre maison :</u>
- Un puit canadien (à prévoir avec le constructeur avant l'implantation de la maison) : permet de ne pas utiliser de climatiseurs l'été et de chauffages l'hiver. Il s'agit d'un système d'une forme de géothermie se présentant sous forme de conduit enterré, aux travers duquel de l'air, provenant de l'extérieur, circule pour être ensuite insufflé dans l'habitat. Au cours de cette circulation, l'air échange ses calories avec celles de la terre.
- Une pompe à chaleur (géothermie), qui utilise l'énergie naturelle de la planète à quelques dizaines de
-

centimètres sous terre pour chauffer l'hiver et refroidir l'été

Un récupérateur d'eau de pluie (les récupérateurs encastrables dans la terre sont préférables car ils restent au frais sous la terre, évitant ainsi l'apparition d'algues).

Un système de goutte à goutte pour l'irrigation de votre jardin

Des panneaux solaires :

Il existe les panneaux solaires photovoltaïques qui puisent la chaleur du soleil pour la restituer sous forme d'électricité pour votre maison

Il existe les panneaux solaires thermiques, qui servent à chauffer l'eau de votre maison

Il existe les panneaux solaires hybrides, ou système solaire combiné SSC, un mixte des deux précédents, tant qu'à faire !

Le futur des panneaux photovoltaïques est déjà là. Sunpartner technologies a créé des panneaux solaires qui remplacent... nos fenêtres !
https://archello.com/product/wysipsr-design-glass

Les tuiles photovoltaïques ont les avantages des panneaux photovoltaïques et le coté esthétique en plus

Construisez votre douche infinie (eau économisée car elle est recyclée et réintégrée dans le circuit d'eau de la salle de bain https://showerloop.org/

Osez les toilettes sèches, c'est pratique (inutile de prévoir une arrivée d'eau à la construction), ça ne sent pas mauvais car cela sent la sciure de bois, c'est esthétique et très économique en eau. Le site Lecopot utilise du bois issus de forêts gérées durablement et labellisés PEFC https://lecopot.com/fr/

- Optez pour une toiture végétalisée (voir le paragraphe « toiture végétalisée »)
- Dans votre jardin, ayez un espace pour réaliser un compost de surface
- Osez créer votre potager
- Plantez quelques arbres à feuilles et arbres fruitiers pour maintenir une fraîcheur l'été et éviter les petites et grosses inondations l'hiver

Précision sur la climatisation :
Les climatiseurs font partis des pièges du cercle vicieux du réchauffement climatique : ils permettent de refroidir l'intérieur tout en réchauffant l'extérieur, ainsi réchauffer l'air aux alentours de la maison va vous obliger à augmenter le taux de refroidissement à l'intérieur. Ainsi se crée une boucle : je refroidis mon habitat mais je réchauffe ma ville, mais si l'air de ma ville est encore plus chaud, je suis obligée d'augmenter mon refroidissement intérieur. Evitez la climatisation, plantez des arbres, faites de l'ombre à vos terrasses, hydratez-vous, mouillez-vous régulièrement avec un gant pour vous rafraichir.

Solution : végétaliser les toitures

Sur les toits, la végétalisation permet de collecter jusqu'à 50 % des eaux de pluie annuelles[12].
La végétalisation de seuls 6 % des toits de Toronto entraînerait une baisse des températures estivales en centre-ville de 1 à 2 °C[13]. Installer une toiture végétalisée doit impérativement être fait par un professionnel car il y a de nombreux éléments à prendre en considération, notamment le poids que peut supporter le toit.

Les toitures végétalisées améliorent sensiblement le confort thermique, acoustique et hygrométrique des bâtiments : elles permettent de réguler naturellement le taux de poussières grâce à la filtration de l'air par les végétaux. Elles œuvrent au développement de la biodiversité. Elles permettent une bonne isolation thermique (moins chaud en été, moins froid en hiver). Elles assurent un meilleur drainage des eaux pluviales et une réduction du ruissellement. Elles diminuent les nuisances sonores. Elles permettent une séquestration du carbone.

Selon l'épaisseur de substrat et le type de végétaux utilisés, il existe trois types de toiture végétalisée : la végétalisation extensive, semi-intensive et intensive.

Pour la mise en œuvre sur le toit, la pose d'une membrane assurera l'étanchéité de la toiture (bitumeuse, caoutchouc, polyoléfine / TPO / FPO), sur laquelle sera posée une couche de drainage et de filtration.
Pour la végétalisation extensive, la couche de drainage est fine, généralement constituée d'un géotextile non tissé creux, à base de polypropylène, surmonté d'un substrat volcanique, puis du couvert végétal d'une dizaine de centimètres environ. Cette forme est la plus répandue car elle est facile d'entretien et légère pour les toits. Elle nécessite néanmoins l'utilisation de plantes grasses qui ont besoin de peu d'eau et supportent les grosses chaleurs (mousses, sédums).

Dans tous les autres cas, le drainage sera assuré par des granulats d'argile expansée, des cailloux, des graviers et souvent des plaques alvéolées et nervurées. En finition, la dernière couche superficielle sera composée d'un substrat de croissance composé de terreau, terre noire et compost. Les végétaux, plantes vivaces et indigènes ou couvre-sol seront plantés sur cette terre nourricière.

Voici à titre d'exemple quelques variétés de végétaux que l'on peut facilement trouver : s.album, s.spurium, vivaces herbacées, iris nains, de s.sempervivum, s. cauticulum, s. reflexum, s.sexengular, s. arachnoideum, s. Lydium, s.Floriferum, s. Takesimense.

Les toitures végétalisées, et en général les arbres et plantes, permettent de diminuer la climatisation des bâtiments[14].
Si les toitures végétalisées sont trop complexes ou impossible à mettre en place dans votre habitat, sachez que vous pouvez contribuer à rafraichir votre habitat l'été grâce aux toitures blanches (tuiles blanches). En effet, les couleurs claires réfléchissent les rayons du soleil alors que les couleurs foncées absorbent les rayons, réchauffant ainsi les alentours.
Un revêtement de toit blanc réfléchit 81% des rayons solaires[15].

Le site Build-green.fr vous montre les innovations mondiales en matière de constructions écologiques. Inspirez-vous !

Solution : rénover sa maison pour économiser l'énergie et protéger la planète :

Munissez-vous (ou demandez au professionnel de la rénovation) de se munir d'une caméra thermique pour estimer l'ampleur et le lieu des déperditions de chaleur les plus importantes

Faites un bilan d'étanchéité à l'air avant tous travaux. Un bâtiment performant ne doit pas seulement être bien isolé et bien ventilé. Il faut également éliminer toutes les fuites d'air parasites au travers de l'enveloppe : c'est ce qu'on appelle l'étanchéité à l'air. C'est un travail complexe et récent qui peut être effectué uniquement par un audit énergétique

C'est par le toit que les pertes de chaleur sont les plus importantes, la première question à se poser est donc celle de l'isolation de la toiture (30 à 40 centimètres d'isolants), soit directement sur le plancher des combles, soit par la toiture (L'isolation d'un plancher haut peut éviter l'isolation complexe de la toiture si les combles ne sont pas habités).

Ensuite se pose la question du remplacement des fenêtres car même si le double Vitrage à Isolation Renforcée (VIR) est deux fois supérieur à un double vitrage classique, il y a de nombreuses déperditions de chaleur autour des fenêtres anciennes

L'isolation thermique des façades vient ensuite et doit se faire à l'extérieur de la maison pour éviter les ponts thermiques et piéger la chaleur à l'intérieur ; les murs restituent alors cette chaleur la nuit dans la maison
Une isolation des façades n'est pas à faire avant d'avoir changé les fenêtres.

Les ponts thermiques peuvent aussi être présents au niveau de votre porte d'entrée. La construction d'un sas d'entrée peut permettre d'éviter la perte de chaleur.

Pour limiter l'humidité dans le logement, l'isolation doit toujours être associée à une ventilation

Ne changez pas votre chaudière avant la rénovation car les besoins en chaleur du bâtiment vont changer.

Lors de la rénovation de toiture, peut-être faudra-t-il prendre en compte la mise en place éventuelle de panneaux hybrides, photovoltaïques ou thermiques

De même pour l'isolation du plancher, une pompe à chaleur pourra peut-être être intégrée

Utilisez des isolants biosourcés ou recyclés : on retrouve notamment les fibres de textiles recyclés, le liège expansé, la laine de mouton... qui conviennent aussi bien à l'isolation des murs, planchers, combles, cloisons et toitures.

En amont de la rénovation, pensez au devenir des déchets qui vont être produits (gravats, poutres en bois...)

Les labels de la rénovation :
    La norme RT2012 est obligatoire dans la rénovation d'une maison
    Le label Haute Performance Energétique (HPE) permet la vérification des conformités au niveau de la performance énergétique globale des maisons
    Le label Bâtiment Basse Consommation (BBC) limite la consommation d'énergie et correspond aux normes standard de la construction (au-dessus de BBC on trouve « maison passive »)

Pour rénover votre habitat, privilégiez les entreprises reconnues par la mention RGE et bénéficiant d'une des certifications ci-dessous, qui sont en mesure de vous proposer un projet et un suivi complet de rénovation :

Les différents moyens de se chauffer :

Parlez de vos moyens de vous chauffer et de chauffer l'eau en amont de la rénovation mais ne changer rien encore car vos besoins énergétiques vont changer suite à la rénovation.

En appartement : le chauffage collectif ou individuel (optez pour les chauffages électriques les plus performants)

En maison individuelle :
- La pompe à chaleur géothermique (Energie renouvelable ENR),
- Les panneaux hydrides, photovoltaïques ou thermiques (ENR),
- La chaudière au bois tels que les poêles ou insert (ENR si le bois est issu de forêts locales et gérées durablement). Ne pas brûler de bois humide, qui consomme deux fois plus d'énergie qu'un bois sec, nuit à la performance de votre équipement et libère des substances toxiques
- Les radiateurs électriques (énergivores)
- Le réseau de chaleur urbain
- La chaudière à condensation qui fonctionne au gaz, à l'électricité ou au fioul (voir le paragraphe sur la micro-cogénération dans le dossier MON ENERGIE)
-

Ma construction, mon habitation

Le radiateur ordinateur Qarnot dont nous avons parlé dans le chapitre sur la décentralisation des data center

Les labels pour nourrir les appareils de chauffage au bois:

Les labels pour les pompes à chaleur :

Les labels pour les capteurs solaires thermiques, les installations solaires et chauffe-eau solaire :

Ma construction, mon habitation

Les différents moyens de chauffer l'eau :

Le chauffage de l'eau est l'une des premières utilisations de l'énergie et représente un quart de l'énergie utilisée dans les habitations dans le monde..

- Le chauffe-eau électrique (le plus énergivore des trois solutions citées)
- Le chauffe-eau solaire (ENR),
- Le chauffe-eau thermodynamique (ENR)

Plus de détails dans le dossier **Mon énergie**

Comment choisir entre acheter ancien et rénover, ou construire neuf?

Vous avez trouvé un bien immobilier mais vous voulez le mettre aux normes BBC ou en faire carrément un habitat passif ou à énergie positif ? Avant d'acheter, renseignez-vous sur le Diagnostic Performance Energétique (DPE) du bien, faites faire des devis, renseignez-vous sur les aides éventuelles que vous pouvez obtenir de la part de l'état

Rencontrez un conseiller gratuitement via le réseau FAIRE
https://www.faire.fr/
Faciliter, **A**ccompagner et **I**nformer pour la **R**énovation **É**nergétique
Ces conseillers étudieront votre projet et pourront vous apporter des informations sur le chauffage, l'eau chaude, les énergies renouvelables, les travaux de rénovation à réaliser... Ils vous indiqueront également les aides financières disponibles pour l'achat et la rénovation de votre futur logement. Le site web est très ergonomique, n'hésitez pas à aller y faire un tour pour plus de renseignements sur la rénovation énergétique.

Solutions pour les personnes souffrant de précarité énergétique

Les ménages les plus pauvres dans le monde habitent les habitats les moins isolés et de ce fait, les habitats les plus énergivores.
La précarité énergétique correspond à « une difficulté à disposer de la fourniture d'énergie nécessaire à la satisfaction de ses besoins élémentaires en raison de l'inadaptation de ses ressources ou de ses conditions d'habitat » selon l'Insee. C'est-à-dire que, soit les gens dans cette situation se chauffent, au risque d'impayés, soit ils ne se chauffent pas et subissent les conséquences du froid sur leur santé et leur vie sociale
Plus de 600 000 ménages seraient concernés en France[16].

Voici quelques conseils.

-

- Ajoutez au sol des tapis isolant thermique : les tapis en laine dont le revers a été doublé d'une couche synthétique sont les plus isolants. Sachez qu'il faut que le(s) tapis couvre(nt) la moitié de la pièce pour que cela soit efficace
- Aérez tous les jours votre lieu de vie ; en effet, la pollution intérieure (due au chauffage et aux appareils de cuisine), ainsi que l'humidité peuvent être des éléments d'inconfort et de pathologies respiratoires
- Cette dernière astuce est à faire dans toutes les habitations, tous les jours
- Investissez dans des pulls chauds, des plaids et des chaussettes chaudes (laine, mohair, mérinos) et des bouillottes
- Mettez une bouillote dans votre lit dix minutes avant d'aller vous coucher
- Autre idée que j'ai mis en place (car je suis très frileuse) : j'étale un plaid sur le drap housse et j'en met un sous le drap et la couette pour me glisser dans un cocon tout chaud et tout doux au moment d'aller au lit
- Buvez des boissons chaudes quand vous avez froids, cela réchauffe vraiment, et gardez la tasse dans vos mains
- Mettez des gants en soie (ou des gants tactiles en soie). Oui ça m'est arrivé de le faire lors d'une grippe : deux paires de chaussettes de ski, les gants, le plaid et même le cache-oreille...
- Veillez à ce que la chaleur soit suffisante dans les chambres d'enfants, de personnes âgées ou fragiles. La bonne température est de 19°[17].
- Votre première couche de vêtements (en contact avec la peau) doit être en synthétique car cette matière évacue
-

l'humidité vers l'extérieur (contrairement au coton et à la laine)
La seconde couche doit retenir la chaleur et pour cela la matière polaire est idéale

Solution : écoconcevoir et végétaliser les constructions dès le dessin papier, notion d'écoquartier

Les bâtiments de demain doivent être conçus dans une démarche bioclimatique, passive et être des bâtiments à énergie positive BEPOS. L'énergie grise doit aussi être prise en considération.
Les bâtiments doivent former un écoquartier. Un écoquartier n'est pas simplement un lieu où l'on trouve des immeubles et de la verdure, c'est un espace qui a été pensé de A à Z avant la construction afin de maitriser les ressources nécessaires à la population et aux activités de production économiques ainsi que les déchets.
L'énergie doit y être produite localement.
Les déchets doivent y être traités localement.
Les aménagements alentours (pistes cyclables, arrêts des transports en commun, parking à vélos, voies piétonnes, location de voitures électriques…) font parties intégrantes de ces écoquartiers, qui ne font pas uniquement office de logements. On y retrouve des entreprises, services, commerces, conciergeries aux pieds des immeubles ; mais on peut également y intégrer une bibliothèque, une salle de spectacles, une école… Bref, les éco quartiers sont multifonctionnels en plus d'être multiculturels.

Comment lier nature et habitation collective ?

L'idée actuelle est d'instaurer la végétation dans les villes. J'irai plus loin en indiquant que ce n'est pas la végétation qui doit s'établir dans la ville mais plutôt l'urbain qui doit s'implanter dans la nature. La nature est là, pourquoi la retirer, tout bétonner et réintroduire de la verdure ensuite ? Les architectes et constructeurs de demain doivent innover en incluant les espèces végétales présentes sur le terrain aux plans de leurs projets dès sa conception papier.

Les arbres et plantes ne doivent pas se trouver uniquement au sol ou sur les toits mais aussi sur les terrasses, comme une tour à Milan[18].

Les jardins alentours des écoquartiers sont conçus pour épurer les eaux usées du quartier, on appelle cela des jardins filtrants et certaines entreprises sont spécialisées

dans l'aménagement de ceux-ci
http://www.phytorestore.com/fr/

Ces nouveaux habitats où chacun a son appartement (ou maison) propre, peut présenter des pièces en commun, tel qu'un espace à vivre, telle qu'une buanderie (machines à laver en commun), tel qu'un atelier de bricolage où les outils sont à disposition de tous (mutualisation d'objets), telle qu'une conciergerie, tel qu'un parc de voitures et vélos électriques en location...

Solution : l'habitat partagé

Habitat partagé / habitat participatif / habitat groupé
Concept en plein essor, l'habitat partagé consiste à rassembler un groupe de citoyens qui conçoivent ensemble leur logement et les espaces mutualisés.
Petite vidéo pour comprendre :
https://www.youtube.com/watch?v=OWW1Oqp7Dxw
http://habitatetpartage.fr/ [19]

Solution : la gestion des déchets du BTP

Il existe 3 types de déchets du BTP :
- Les déchets inertes, qui ne se décomposent pas, ne brûlent pas et ne produisent aucune réaction physique/chimique/biologique nuisible à l'environnement ou à la santé (bétons, matériaux bitumeux sans goudron, terres, pierres…), représentent 80% des déchets du bâtiment. Une grande partie d'entre eux est valorisée ou recyclée[20].
- Les déchets non dangereux (métaux, alliages, bois bruts, plastiques, peintures, mélanges de déchets, pneus, plâtres…)
- Les déchets dangereux, qui contiennent des substances dangereuses pour l'environnement ou la santé (aérosols, accumulateurs et piles contenant des substances dangereuses, bois traités à la créosote ou aux métaux lourds, boues de séparateur d'hydrocarbures, produits contenant du goudron, huiles usagées…)

La loi de transition énergétique fixe que d'ici 2020, **70 %** des déchets du BTP devront être recyclés[21]. La Fédération Française du Bâtiment (FFB) œuvre dans ce sens grâce à un site Internet et une application présentant les points de collecte des déchets.

Je suis un particulier qui fait des travaux :
Savez-vous qu'il existe une plateforme, créée par deux femmes, qu'on pourrait appeler le bon coin du bâtiment ? C'est le site Backacia https://www.backacia.com/ qui permet à des particuliers et des professionnels de vendre des produits qui auraient dû partir à la benne. Cela favorise

le réemploi, cela permet à des gens de s'équiper en matériel à prix réduit, ou à des artistes, de créer des sculptures et œuvres modernes à partir de produits du quotidien. Ce site aussi est acteur de l'économie circulaire des matériaux https://go.materialsmarketplace.org/

Si vous devez recycler, pour connaître la classification de vos déchets (inerte, non dangereux ou industriels banals, dangereux) :
http://www.chantiervert.fr/05.documents_utiles.html#
Pour savoir comment les recycler en fonction de leur nature : http://www.chantiervert.fr/doc_utiles/8_9.pdf
D'autres documents utiles :
http://www.chantiervert.fr/05.documents_utiles.html#
En cas de doute, de questions, n'hésitez pas à contacter votre mairie ou déchetterie.

---

[1] LE MONDE. *Les villes sont responsables de 70 % des émissions de gaz à effet de serre* [en ligne]. Cécile Boutelet, novembre 2011 [consulté le 28 octobre 2019]. Disponible sur :
https://www.lemonde.fr/economie/article/2011/11/28/les-villes-sont-responsables-de-70-des-emissions-de-gaz-a-effet-de-serre_1609941_3234.html

[2] 20MINUTES. *75% de la population mondiale vivra en ville en 2050* [en ligne]. Juillet 2013 [consulté le 28 octobre 2019]. Disponible sur :
https://www.20minutes.fr/high-tech/1188299-20130713-20130713-75-population-mondiale-vivra-ville-2050

[3] NOVETHIC. *L'industrie cimentière veut réduire de 80% ses émissions de CO_2 d'ici 2050* [en ligne].

Marina Fabre, Janvier 2019 [consulté le 28 octobre 2019]. Disponible sur :

https://www.novethic.fr/actualite/environnement/climat/isr-rse/l-industrie-cimentiere-veut-reduire-de-80-ses-emissions-de-co2-d-ici-2050-146572.html

[4] CONTRSUCTION CARBONE. *Du carbone dans le ciment* [en ligne]. Janvier 2009 [consulté le 28 octobre 2019] Disponible sur :
http://www.construction-carbone.fr/lecimentetsapartcarbone/

[5] CONSTRUCTION CARBONE. *Emissions du ciment, quelles perspectives* [en ligne]. Avril 2011 [consulté le 28 octobre 2019]. Disponible sur :
http://www.construction-carbone.fr/emissions-du-ciment-quelles-perspectives/

[6] ACTU ENVIRONNEMENT. *La réglementation thermique de 1974 à aujourd'hui*
[en ligne]. Juin 2011 [consulté le 28 octobre 2019]. Disponible sur :
https://www.actu-environnement.com/ae/dossiers/energie-batiment-rt2012/historique-reglementation-thermique.php4

[7] LA MAISON PASSIVE. *Les critères techniques* [en ligne]. Consulté le 28 octobre 2019. Disponible sur :
 https://www.lamaisonpassive.fr/la-construction-passive/les-criteres-techniques/

[8] THERMIQUE DU BATIMENT WIKIBIS. *Bâtiment à énergie positive* [en ligne]. Consulté le 28 octobre 2019 sur :
 http://www.thermique-du-batiment.wikibis.com/batiment_a_energie_positive.php

[9] LEMONITEUR. *Chutes de polystyrène expansé: pensez au recyclage* [en ligne]. Consulté le 28 octobre 2019 sur :
https://www.lemoniteur.fr/article/chutes-de-polystyrene-expanse-pensez-au-recyclage.1997384

VEOLIA. *Polystyrène expansé : optimisez votre budget déchets en le valorisant* [en ligne]. Consulté le 28 octobre 2019 sur :
http://recyclage.veolia.fr/entreprises/solutions-matieres/optimisez-votre-budget-dechets.html

[10] https://wikkelhouse.com/

[11] https://tinyhousefrance.org/

POSITIVR. *Tiny house : petite maison, grande liberté* [en ligne]. Consulté le 28 octobre 2019 sur :
https://positivr.fr/category/d/tiny-house/

VIRUSOFTRAVEL. *Découvrez la tiny house* [en ligne]. Consulté le 28 octobre 2019 sur :
http://virusoftravel.over-blog.com/2017/10/decouvrez-la-tiny-house.html

TINY HOUSE France. *Tiny house avec un intérieur tout en bois* [en ligne]. Consulté le 28 octobre 2019 sur :
https://tinyhousefrance.org/point-tiny-house-avec-un-interieur-tout-en-bois/

[12] http://www.maisons-et-bois.com/discussions/viewtopic.php?id=16191

[13] DREIF EPA ILE DE France. *La végétalisation des bâtiments* [en ligne]. 2009. Consulté le 28 octobre 2019 sur :
http://www.la-cambuse.fr/wp-content/uploads/2016/07/RES-1209-vegetalisation-des-batiments-rapport.pdf

[14] ADEME. *L'adaptation au changement climatique* [en ligne]. Octobre 2019 [consulté le 28 octobre 2019]. Disponible sur : https://www.ademe.fr/sites/default/files/assets/documents/avis-ademe-adaptation_au_cc-octobre2019.pdf

[15] DERBIGUM. *Comment la toiture blanche contribue-t-elle au confort thermique en été* [en ligne]. 8 décembre 2014 [consulté le 28 octobre 2019]. Disponible sur : https://derbigum.be/blog/fr/comment-la-toiture-blanche-contribue-t-elle-au-confort-thermique-en-ete/

[16] REGION ILE DE FRANCE. *Plus de 600.000 ménages franciliens touchés par la précarité énergétique* [en ligne]. Interview de Lucille Mettetal, Chargée d'études à l'Institut d'aménagement et d'urbanisme d'Île-de-France, 10 juillet 2017, [consulté le 28 octobre 2019]. Disponible sur : https://www.iledefrance.fr/plus-de-600000-menages-franciliens-touches-par-la-precarite-energetique

[17] ENGIE. *La température idéale pour chaque pièce de la maison* [en ligne]. 7 juillet 2016 [consulté le 28 octobre 2019]. Disponible sur : https://particuliers.engie.fr/economies-energie/conseils/les-eco-gestes-au-quotidien/temperature-piece-par-piece.html

[18] STEFANO BOERI ARCHITETTI. *Vertical forest turns 5* [en ligne]. 15 octobre 2019 [consulté le 28 octobre 2019]. Disponible sur : https://www.stefanoboeriarchitetti.net/en/

[19] AXANIS. *L'habitat participatif, ça consiste en quoi ?* [en ligne]. Février 2016. 2 minutes. Consulté le 28 octobre sur : https://www.youtube.com/watch?v=OWW1Oqp7Dxw

[20] STATISTIQUES DEVELOPPEMNT DURABLE GOUV. *MINISTÈRE DE L'ENVIRONNEMENT, DE L'ÉNERGIE ET DE LA MER, EN CHARGE DES RELATIONS INTERNATIONALES SUR LE CLIMAT* [en ligne]. Mars 2017 [consulté le 28 octobre 2019]. Disponible sur : https://www.statistiques.developpement-durable.gouv.fr/sites/default/files/2018-10/datalab-essentiel-96-btp-mars2017-b.pdf

[21] MINISTERE DE LA TRANSITION ECOLOGIQUE ET SOLIDAIRE. *Les déchets du BTP et des travaux publics* [en ligne]. 19 mars 2019 [consulté le 28 octobre 2019]. Disponible sur : https://www.ecologique-solidaire.gouv.fr/dechets-du-batiment-et-des-travaux-publics

Ma banque, mon épargne, ma monnaie

« Chaque fois que vous dépensez de l'argent, vous votez pour le type de monde que vous voulez » Anne Lappe

En matière d'écologie et d'éthique, toutes les banques ne se valent pas, et il est préférable de responsabiliser ses placements, et il ne s'agit pas uniquement de changer de compte courant, mais aussi de changer d'épargne. Un site permet de faire un comparatif des banques : Fair finance
https://www.fairfinancefrance.org/
http://financeresponsable.org/
http://www.epargneclimat.com/documents/GUIDEBANQUES.pdf
http://www.epargneclimat.com/documents/GUIDEEPARGNE.pdf

Un autre site vous indique les produits bancaires écoresponsables : http://www.mabanqueecologique.com/

Nous pouvons pallier au réchauffement climatique grâce à notre banque et notre épargne. En effet, l'argent sur vos comptes ne dort pas quand il est en banque, il est utilisé par les financiers pour des investissements. Certaines banques vous demandent de choisir les domaines que vous souhaitez investir. Il peut s'agir de projets ayant une utilité sociale, écologique et/ou culturelle.

Solutions : Deux banques éthiques en haut du peloton

La Nef
Cette banque propose aux particuliers : d'investir des parts sociales, d'ouvrir un livret Nef et/ou un à compte à terme Nef. Elle ne propose pas de compte courant personnel. Par

contre, les professionnels ont accès aux mêmes prestations précédentes ainsi qu'à un compte courant professionnel.
https://www.lanef.com/

Le crédit coopératif
Cette banque propose de nombreux livrets, comptes courants ainsi qu'une carte bancaire solidaire (micro-don à chaque utilisation de votre carte de la part de la banque et de votre part si vous le souhaitez, reversés à l'association de votre choix parmi un large choix).
https://www.credit-cooperatif.coop/Institutionnel

Solutions : l'épargne solidaire et le micro-crédit

Le label finansol (dont les critères sont la transparence et la solidarité) permet de distinguer les placements solidaires des placements classiques. Quel est le sens que vous souhaitez donner à votre investissement ? Aujourd'hui toutes les banques et mutuelles d'assurance proposent des solutions d'épargnes solidaires garanties par le label finansol. En plus, vous avez le choix entre de nombreux thèmes (accès à l'emploi, écologie, santé, urgences humanitaires, entreprenariat social...) Rendez-vous sur le site pour plus d'informations
https://www.finansol.org/

Le site Babyloan, qui détient aussi le label Finansol, est un des leaders du micro-crédit. Vous choisissez votre projet, vous prêtez de l'argent (à partir de 10€) et vous êtes remboursés tous les mois. https://www.babyloan.org/fr/

Solution : les monnaies locales complémentaires, les SEL, les banques de temps et Accorderies

L'économie actuelle est basée principalement sur le cours du dollar et des autres grosses monnaies, comme l'euro. Ainsi la faillite d'une banque provoque un effet domino qui peut entraîner toutes les autres banques, quelques soient leur taille et leur pays d'implantation. La pluralité des monnaies permettra à l'économie d'être plus résiliente. De ce fait, les monnaies locales complémentaires sont une source de revenue pour un territoire donné et favorise l'économie circulaire.

L'exemple le plus frappant d'une monnaie locale qui fonctionne en France est celui de l'Eusko[1], une monnaie utilisée par les particuliers et professionnels du pays basque (les entreprises doivent avoir leur siège social au pays basque) dont l'objectif est d'encourager la population à acheter leurs articles auprès de vendeurs et producteurs locaux (favoriser l'économie circulaire et locale), de renforcer les échanges entre les acteurs économiques du territoire (habitants, paysans, services publics locaux, commerces...), de réduire ainsi l'impact écologique et de promouvoir la langue basque et la solidarité[2].
L'Eusko est présente dans 17 communes, a plus de 3200 adhérents particuliers et 820 professionnels[3].

Les monnaies locales font parties de ce qu'on appelle des SEL « Système d'Echange Local », dont les échanges sont mesurés dans une unité autre que l'argent, comme par exemple des jetons, des bons ou des heures...

Il en existe de nombreuses sortes où on peut échanger des biens et/ou des services. Un site répertorie d'ailleurs toutes les SEL de France : https://annuairedessel.org/

Vous avez aussi les Accorderies, qui développent l'échange de services et la coopération pour lutter contre l'exclusion et la pauvreté. Les Accorderies mettent en réseau des personnes qui ont besoin d'un service avec des personnes qui proposent ce service. La monnaie temps est alors utilisée : on appelle cela une « banque de temps », dans laquelle une heure de service rendu vaut une heure de service reçu[4]. Par exemple, Mme X souhaite une heure de cours d'anglais pour son fils. Je me propose, je fais mon cours, mon compte est alors crédité d'une heure. Peu de temps après j'ai besoin d'un plombier, j'en trouve un par le biais de l'Accorderie, mon compte est débité d'une heure. Et ainsi de suite.

Solution : les crypto monnaies éthiques et écologiques

Une crypto-monnaie est une monnaie virtuelle créée et échangée sur un réseau informatique qu'on ne peut jamais détenir ni échanger physiquement (pas de pièces ou billets). Elle utilise la blockchain (chaîne de blocks), c'es-à-dire une base de données commune à plusieurs utilisateurs et sécurisée par la crytopgraphie[5].

Il existe des cryptomonnaies dont les considérations sont éthiques et/ou écologiques. Parmi elles on retrouve :

- Le SolarCoin, une cryptomonnaie reversée à tous les détenteurs de panneaux photovoltaïques qui produisent de l'électricité verte (1 SolarCoin pour 1MWh d'électricité issu du photovoltaïque). Ils peuvent ensuite se servir de ces SolarCoin pour régler leur consommation électricité et ainsi valoriser la production de l'énergie solaire et financer d'autres projets de transition énergétique, ou la convertir en devise[6] [7] [8].

- La Plastic Bank, une start-up Canadienne qui paie des ouvriers pour aider à la dépollution de déchets plastiques ramassés sur les plages et dans les décharges non réglementées[9] [10] [11].

- Le FairCoin, fondée par FairCoop qui souhaite une meilleure distribution des richesses et une limitation de l'impact énergétique[12] [13].

A l'instar de la diversité végétale et animale, la diversité monétaire doit être de mise.

---

[1] http://www.euskalmoneta.org/

[2] WIKIPEDIA. *Eusko*. Consulté le 28 octobre 2019. https://fr.wikipedia.org/wiki/Eusko

[3] L'Eusko en chiffres http://www.euskalmoneta.org/eusko_en_chiffres/

[4] http://www.accorderie.fr/

[5] JDN. *Cryptomonnaie : définition et synonyme*s [en ligne]. Mars 2019. Consulté le 28 octobre 2019 sur : https://www.journaldunet.fr/patrimoine/guide-des-finances-personnelles/1207712-cryptomonnaie/

[6] COMPTE CO2. *Top 5 des crypto-monnaies crées en faveur du développement durable* [en ligne]. Consulté le 28 octobre 2019 sur :
https://www.compteco2.com/article/cryptomonnaie-ethique/

[7] GAZPROM ENERGY. *SolarCoin, la monnaie virtuelle de l'électricité photovoltaïque* [en ligne]. 2018. Consulté le 28 octobre 2019 sur :
https://www.gazprom-energy.fr/gazmagazine/2018/09/solarcoin-monnaie-photovoltaique/

[8] EKWATEUR
https://ekwateur.fr/solarcoin/

[9] https://www.plasticbank.com/

[10] DIPLOMATIE GOUV. *Plastic Bank, une Start-up basée à Vancouver, s'attaque à la pollution plastique dans les océans et à la pauvreté* [en ligne]. Novembre 2018. Consulté le 28 octobre 2019 sur :
https://www.diplomatie.gouv.fr/fr/politique-etrangere-de-la-france/diplomatie-scientifique-et-universitaire/veille-scientifique-et-technologique/canada/article/plastic-bank-une-start-up-basee-a-vancouver-s-attaque-a-la-pollution-plastique

[11] TED. *The surprising solution to ocean plastic | David Katz* [video en ligne, sous-titres en français]. Février 2018, 12 minutes. Disponible sur :
https://www.youtube.com/watch?v=mT4Qbp89nIQ

[12] France 24. *Faircoin, une monnaie en ligne équitable et solidaire* [vidéo en ligne]. Janvier 2015, 5 minutes. Disponible sur :
https://www.youtube.com/watch?v=TizvMNQwMil

[13] https://fair-coin.org/fr

Mon énergie, mon électricité

« Mieux vaut prendre le changement par la main avant qu'il ne nous prenne par la gorge » Winston Churchill

Les principales sources de production d'électricité aujourd'hui viennent de centrales à charbons, de combustibles fossiles (non renouvelables) ou de centrales nucléaires.

Comprendre les différentes sources d'énergie électrique :

Les **centrales nucléaires** produisent de l'électricité grâce à la chaleur résultant de la fission des atomes d'uranium. Elles ne relâchent pas de CO_2 dans l'atmosphère mais utilisent de l'eau et présentes des dangers d'explosion libérant d'importantes quantités d'éléments radioactifs (la catastrophe de Tchernobyl). De plus, les déchets nucléaires sont une source de problèmes pour les générations à venir. De nos jours ils sont stockés dans des futs métalliques ou en béton. Certains d'entre eux peuvent rester radioactifs pendant des milliards d'années. Les futs contenants les déchets les moins radioactifs sont stockés dans des sites de stockage (il en existe plus d'une trentaine en France). Ceux-ci sont coulés dans du béton. Leur radioactivité disparaîtra avec le temps (Par exemple le césium-137 perdra 99.9 % de sa radioactivité en 3 siècles[1]). Les déchets les plus radioactifs (les éléments de combustibles usagés de la centrale) sont envoyés à une usine de retraitement des déchets nucléaires (deux en Europe dont une en France) ou ils sont mélangés à du verre et vont être fondus. Les déchets vitrifiés sont ensuite stockés.

Les déchets moyennement radioactifs mais ayant une durée de vie longue sont mis en fût mais le problème du stockage dans le sol dure longtemps et il faut trouver des zones sous-terraine présentant une forte stabilité et une forte teneur en argile[2].

Compte tenu du fait que les centrales nucléaires ne libèrent pas de gaz à effet de serre, il n'est pas judicieux de fermer les centrales existantes tant que le pourcentage d'énergies renouvelables présentes sur le territoire n'est pas assez important. Néanmoins, le nucléaire et ses déchets sont un véritable problème de santé qu'il est primordial de traiter dès à présent, en parallèle de la lutte contre le réchauffement climatique.

Les **centrales à charbon** produisent de l'électricité en utilisant la chaleur générée par la combustion du charbon, qui est une ressource non renouvelable et très polluante. Cette chaleur chauffe l'eau jusqu'à ce qu'elle se transforme en vapeur. Cette vapeur entraîne une turbine qui, associée à un alternateur, génère de l'électricité. La source de production varie et peut être non renouvelable (charbon) ou renouvelable (vent, soleil...)

Opter pour l'électricité verte, c'est choisir une électricité produite à partir de ressources renouvelables.

L'électricité verte est produite à partir d'une source d'énergie renouvelable comme l'énergie solaire (photovoltaïque et thermique), l'énergie éolienne, l'énergie marémotrice, l'énergie houlomotrice, l'énergie hydroélectrique, la géothermie, la biomasse.

L'énergie solaire photovoltaïque permet de produire de l'électricité grâce à des capteurs solaires reliés à un onduleur[3].

Les panneaux solaires thermiques permettent de chauffer l'eau d'un lieu grâce à un fluide **caloporteur** (fluide chargé de transporter la chaleur entre deux ou plusieurs sources de température).

Les panneaux solaires hybrides produisent de l'électricité et chauffe l'eau[4].

Les **centrales solaires** produisent de l'électricité pour un certain nombre d'habitants d'une zone donnée[5].
La plus grande du monde, le parc solaire de Mohammed ben Rashid Al-Maktoum à Dubai, qui sera terminée en 2030, fera la taille de 285 stades de football et alimentera 800 000 foyers en électricité[6].

Mon énergie, mon électricité

L'**éolien** utilise le vent pour produire de l'électricité. Il peut être terrestre ou offshore (c'est-à-dire qui s'effectue en pleine mer). Le coût d'installation est plus important pour les éoliennes en mer mais le rendement de production est aussi meilleur grâce à un vent plus fort et plus régulier. L'éolien n'utilise pas la chaleur pour transformer de l'eau en vapeur et produire ensuite de l'électricité, mais utilise un alternateur qui tourne grâce au vent[7].

L'**énergie marémotrice** est issue des mouvements de l'eau créés par les marées et causés par l'effet conjugué des forces de gravitation de la Lune et du Soleil. Utilisée dans tous les endroits du monde présentant des marées, cette méthode pourrait produire 2% de l'électricité mondiale. Ce n'est pas beaucoup mais l'énergie marémotrice présente l'avantage de la prévisibilité du phénomène (les marées)[8].

Usine marémotrice de la Rance, Bretagne, France[9]

L'énergie houlomotrice transforme l'énergie des vagues en énergie électrique. Le coût d'installation est tel que cette énergie n'est pas encore utilisée dans le monde mais les recherches scientifiques et en ingénierie continuent pour contribuer à son développement[10].

L'énergie houlomotrice peut être utilisée à petite échelle, grâce au moulin à eau moderne comme par exemple celui conçu par Turbulent Hydro[11], une entreprise belge, qui utilise respectueusement la nature pour produire de l'électricité[12].

L'énergie hydroélectrique, produit aussi de l'électricité à partir de l'eau, comme les barrages[13].

Lac et barrage du Jotty dans la Vallée d'Aulps

La géothermie utilise la chaleur naturelle de la terre, sans cesse régénérée par le rayonnement solaire et la pluie, pour produire de l'électricité (grâce à la vapeur extraite du sol) et chauffer des espaces (grâce à l'eau extraite du sol)[14].
Dans une maison individuelle, on l'appellera pompe à chaleur[15] ; dans un bâtiment ou un groupes de bâtiments, chauffage urbain.
Il existe aussi **l'aquathermie**, qui utilise les calories (production de la chaleur) de la nappe phréatique et **l'aérothermie**, qui utilise les calories de l'air qui, grâce à un système de pompage, sont redistribuées dans les pièces.

La **biomasse** est composée de matières issues des végétaux et des animaux (bois, déchets organiques de nos cuisines…). La biomasse est brûlée dans des centrales et la chaleur qui en résulte va chauffer de l'eau et créer ainsi de la vapeur. Cette vapeur va ensuite produire de l'électricité[16] [17].

Solutions : Optez pour un fournisseur d'électricité verte issue d'énergies renouvelables : deux exemples

Enercoop
Si l'offre d'Enercoop est en moyenne 20% plus chère que celle du fournisseur historique, elle reflète le véritable prix de l'énergie qui permet une juste rémunération des producteurs et un modèle économique stable. Les énergies utilisées sont à 100% renouvelables. Il y a une traçabilité de l'approvisionnement électrique, qui se fait de manière locale grâce à un réseau de coopératives. De plus, c'est sans engagement[18].

Ekwateur
Fournisseur d'électricité verte, de gaz naturel et de bois renouvelable, sans engagement, basé aussi sur la proximité et la transparence. Ekwateur est aussi le premier fournisseur d'électricité au monde à accepter les SolarCoin en échange d'énergie[19]. (Voir la rubrique « Monnaies Locales et autres monnaies »)

Montez votre propre projet d'énergie partagée avec d'autres citoyens grâce à https://energie-partagee.org/ . L'association Énergie Partagée a pour objectif la réappropriation citoyenne de l'énergie et un véritable engagement collectif dans la transition énergétique par la mise en œuvre directe d'économies d'énergies et de productions d'énergie renouvelable où les citoyens deviennent acteurs et investisseurs autour de projets écologiques, comme par exemple l'installation d'éolienne dans un territoire.

Solution : Installez vos propres panneaux solaires, votre chauffe-eau solaire ou thermodynamique

Le rendement maximum est une orientation Sud couplée à une inclinaison de 30° (100% de rendement), sinon 30° Sud-Est ou Sud-Ouest (96% de rendement), sinon à plat (0°, rendement de 93%)[20].

Vous souhaitez installer un chauffe-eau thermodynamique (absence de panneaux solaires) ?

Le fonctionnement du chauffe-eau thermodynamique est similaire à celui d'une pompe à chaleur. Il va capturer l'énergie présente dans l'air ambiant et se servir de cette chaleur pour chauffer l'eau du ballon.
L'air peut être prélevé à l'intérieur de la pièce où est installé le ballon ou à l'extérieur.
C'est un appareil économique : il permet de consommer jusqu'à 3 fois moins d'énergie qu'avec un chauffe-eau électrique
Il respecte l'environnement : il tire profit d'une énergie propre et inépuisable. Il ne rejette aucun gaz à effet de serre dans l'atmosphère. Néanmoins il nécessite d'utiliser de l'électricité.
L'autre inconvénient majeur est qu'il ne peut pas être installé partout : il doit être posé dans une pièce de 20m3 minimum et non chauffée ou dans un local chauffé inférieur

à 20m3 (dans ce cas l'air est prélevé à l'extérieur de l'habitation ou dans une autre pièce)[21].

Vous souhaitez installer un chauffe-eau solaire (avec panneaux solaires) ?

Un chauffe-eau solaire individuel fonctionne grâce à l'énergie récupérée par les panneaux solaires thermiques. L'énergie captée est absorbée par un fluide caloporteur qui restitue la chaleur dans le ballon d'eau chaude. Le ballon stocke l'eau chaude pour la restituer en fonction de l'utilisation. Le chauffe-eau solaire permet ainsi de couvrir au minimum 50 % des besoins[22] en eau chaude sanitaire de la maison, tout en réduisant la facture.

LES DEMARCHES A L'INSTALLATION DE SOLAIRE[23]

Auprès de votre mairie

Si vous construisez du neuf et que vous souhaitez inclure des panneaux solaires, il est primordial de joindre à la demande de permis de construire une attestation précisant le projet solaire. Si vous avez déjà déposé le permis de construire, déposez un modificatif de permis auprès de votre mairie. Pour une maison existante, installer des panneaux solaires nécessite une autorisation d'urbanisme, il vous faut donc demander une autorisation préalable.

Auprès de l'architecte des bâtiments de France

Si votre maison est située en périmètre de site inscrit ou classé, vous devez obtenir un avis favorable de l'architecte des bâtiments de France. Pour garantir l'acceptabilité de votre projet, il est recommandé de le présenter aux instructeurs d'urbanisme de votre commune et aux architectes des bâtiments de France, lors d'une réunion de faisabilité.

Auprès de votre assureur
Une installation solaire peut entraîner une surprime chez certains assureurs. Les capteurs solaires non intégrés dans la toiture doivent être déclarés à l'assureur.

Solutions énergétiques du futur : cogénération, trigénération, micro-cogénération, pile à combustible :

La **cogénération** est la production simultanée de deux formes d'énergie différentes dans la même centrale. Le cas le plus fréquent est la production d'électricité et de chaleur, issues toutes deux d'énergies fossiles et renouvelables ou uniquement renouvelables. Plus généralement, un cogénérateur valorise une forme d'énergie habituellement considérée comme un déchet et inexploitée.
Une installation classique obtient un rendement électrique d'environ 35%, tandis que le reste de l'énergie (65%) est perdu sous forme de chaleur. Dans un système en cogénération, 35% de l'énergie primaire est transformée en électricité grâce à un alternateur, tandis que 65% se retrouve sous forme de chaleur, dont 50 à 55% est récupérée pour chauffer un circuit d'eau au travers d'un échangeur. Cette eau peut être utilisée pour le chauffage des bâtiments ou l'eau chaude sanitaire[24].

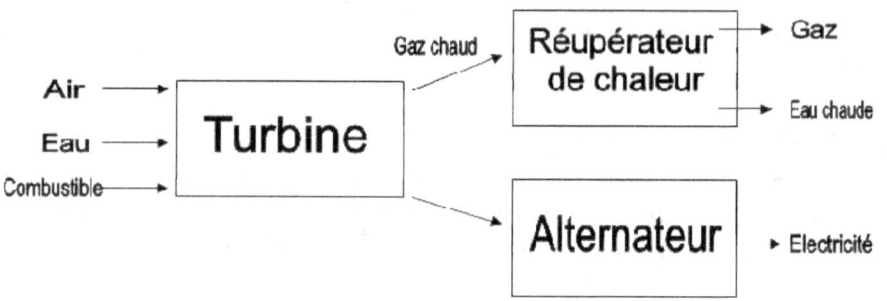

Par exemple, certaines centrales utilisent la biomasse pour produire de l'électricité (grâce à la vapeur d'eau) et de la chaleur thermique.

Au-delà de la cogénération, la **trigénération** a fait son apparition. Choreus Data Center à Paris, utilise du gaz pour alimenter les serveurs de son data center en électricité. La trigénération gaz produit de l'électricité pour alimenter les serveurs, du froid, pour les refroidir et du chaud, qui sera redistribué aux habitations alentours sous forme de chauffage urbain. Cela permettra à ce data center de réduire de 20 à 30% l'utilisation énergétique par rapport à un data center traditionnel[25].

La **micro-cogénération** est un système de cogénération de petite puissance électrique (inférieur à 36kW) adapté au résidentiel et au petit tertiaire et permet de combiner un chauffage performant et économique et une production d'électricité décentralisée de la même façon que la cogénération, mais avec des appareils plus petits[26].

Chaudières et micro-cogénération

Mon énergie, mon électricité

La chaudière à condensation produit de la chaleur en brûlant du gaz naturel, mais au lieu de rejeter dans l'atmosphère les vapeurs d'eau issues de la combustion du gaz naturel comme les chaudières standard ou basse température, la chaudière à condensation les transforme en eau qui est ensuite évacuée vers le réseau des eaux usées[27].

La chaudière hybride associe une pompe à chaleur électrique à une chaudière à condensation (au gaz naturel) qui fonctionnent ensemble et permettent de faire des économies sur le gaz[28].

L'éco-générateur, le plus écologique de toutes les chaudières citées utilise la **condensation et la micro-génération** pour produire de l'électricité et de la chaleur[29].

La **pile à combustible**, aussi appelée pile à hydrogène, associée à une chaudière à condensation, pourra produire eau chaude, chaleur et électricité dans un même système[30].

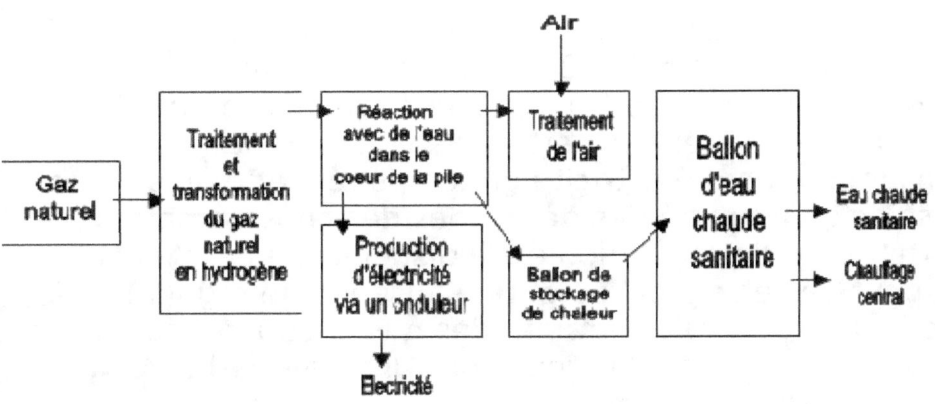

Cette technologie est néanmoins très coûteuse et difficile d'installation car peu de personnes sont encore formées à cette nouvelle technologie.

Rapport de l'Ademe sur les piles à combustibles[31] : https://www.ademe.fr/sites/default/files/assets/documents/hydrogene-piles-atelier2.pdf

Solution : réduire ma consommation d'électricité en éteignant les lumières et les appareils en veille

<u>Réduire ma consommation d'électricité à la maison a t-il réellement un impact sur la production des centrales électriques ?</u>

Cette question m'est apparue lors du Earthour 2019 (30 Mars 2019), cet évènement où la planète entière est amenée à éteindre ses lumières pendant une heure. Mon ami me dit alors : à quoi bon éteindre les lumières, l'électricité sera produite quand même. Qu'advient-il de l'électricité produite et non consommée par les foyers ? S'évapore t-elle sous forme de chaleur ? En réalité, l'électricité est constamment produite en fonction de l'offre et de la demande grâce à des dispatching, mis en place par le Réseau de Transport d'Electricité, qui gèrent les « routes de l'électricité » et permettent de connaître la consommation d'électricité en temps réel et d'ajuster les besoins en fonction des demandes des consommateurs. Cette étape de régulation est indispensable car l'électricité ne peut pas être stockée et une absence de régulation de production pourrait entraîner des dysfonctionnements par surtension ou baisse de tension[32]. Une baisse d'un degré de la température peut entraîner une hausse de la consommation d'électricité de 2300 mégawatts[33], il est donc primordial de réguler la production[34].

Conclusion : oui, si vous réduisez votre consommation d'électricité chez vous, cela a un impact positif sur la planète.

Solution : Le gaz naturel ? Une ressource controversée

Le gaz naturel est issu de gisement sous-terrain mais aussi sous-marin, c'est une énergie non renouvelable mais présente en abondance sur la planète. Il est utilisé dans les maisons pour la cuisson alimentaire et les chaudières à condensation, dans les transports équipés d'un moteur à gaz naturel[35].

La combustion du gaz naturel n'émet pas ou que très peu de gaz à effet de serre et cela en fait l'une des énergies fossiles les moins polluantes du marché actuel, néanmoins, le problème vient en amont : le gaz naturel c'est du méthane et rappelez-vous, c'est un gaz à effet de serre 25 fois plus émetteur que le CO_2. Le gaz naturel est puisé dans les roches terrestres et transporté dans les villes par des gazoducs, or du puit à nos habitations, il existe de nombreuses fuites invisibles et inodores qui peuvent être seulement détectées avec des appareils spécifiques. Certes une voiture qui roule au gaz naturel relâche quatre fois moins de gaz carbonique qu'une voiture roulant à essence ou diesel. Mais les fuites en amont émettent beaucoup de méthane, compensant l'impact réduit des émissions de gaz à effet de serre lorsqu'on utilise notre véhicule[36].

Le gaz de schiste, c'est du gaz naturel reparti en petites bulles (contrairement au gaz naturel contenu dans d'énormes poches), qui nécessitent de nombreux procédés polluants pour être extraits de la roche terrestre. La fracturation hydraulique, qui permet de casser la roche pour récupérer le gaz nécessite beaucoup d'eau, de produits dangereux, engendre des fuites de méthane (encore) dans l'atmosphère et pollue les nappes phréatiques[37].

Que l'extraction se fasse par des puits de forage ou par fracturation hydraulique, les fuites existent. Nous continuons néanmoins à en extraire et à en utiliser, et ce de plus en plus, car nous connaissons les techniques d'extraction et nous avons les installations nécessaires (gazoducs) déjà en place. De plus, le gaz n'est pas cher.

Le méthane est un gaz qui réchauffe plus la planète que le CO2, mais sur un temps plus court, il est donc à prendre en compte dès à présent dans l'impact environnemental. Il ne constitue pas l'énergie de transition en attendant le développement des énergies renouvelables puisqu'ils suscitent de nombreux problèmes.

Fausse solution : le biogaz et la méthanisation

Gaz naturel vert, biogaz, biométhane : voilà beaucoup de noms pour un seul et même produit. Le gaz naturel est un mélange gazeux d'hydrocarbures présents dans certaines roches poreuses, hydrocarbures issus de la décomposition de végétaux et animaux et accumulés sous la surface de la terre pendant plusieurs millions d'années. Autrement dit, le fait de décomposer de la matière organique (comme les déchets organiques de cuisine, les déjections animales,

résidus agricoles, boues d'épuration...) va créer du gaz naturel, qu'on appellera vert ou biogaz. Comme ce gaz est en fait du méthane, on peut aussi l'appeler biométhane[38].
La création de biogaz se fait grâce à des usines de méthanisation dont ressortent deux éléments : le biogaz et le digestat, réutilisé comme engrais.
Les matières organiques sont mises au sein d'un digesteur, c'est-à-dire un bac « étanche » sans oxygène (anaérobie) où elles vont être digérés par des bactéries (dont le nom de digesteur) et former du gaz méthane. Le compost que vous pouvez faire chez vous est produit aussi grâce à des matières organiques mais avec présence d'air (aérobie).

L'approvisionnement en matière organique homogène pour un bon déroulement du cycle de méthanisation dans les usines de méthanisation contraint à créer des cultures de plantes énergétiques comme le maïs dédiées à l'usine, accaparant alors des parcelles de terres qui auraient pu servir à des cultures de légumes.
Les énergies issues de la biomasse ne sont donc pas toujours des énergies propres. Le maïs qui va servir à agrémenter les usines de biogaz vient parfois de très loin (Brésil, où des hectares de forêt sont ratifiés pour une monoculture de maïs). On a donc un changement indirect d'affectation des sols lié à la culture de plantes énergétiques[39].

Le digesteur comprenant les bactéries en anaérobie présente des risques d'explosion. Certaines ont eue lieu dans plusieurs usines de méthanisation, engendrant des rejets de digestats dont le processus de décomposition n'était pas terminé[40].

Mon énergie, mon électricité

On retrouve également dans ces usines des incendies, des fuites de méthane et d'autres accidents hebdomadaires. Or vous savez désormais que le méthane est un gaz à effet de serre 25 fois plus puissant que le CO2 sur le court terme.

Nous pouvons aussi nous demander si le digestat et un engrais fertilisant.
Le processus de méthanisation chauffe les matières organiques à 40°C, ce qui ne permet pas d'éliminer toutes les substances pathogènes : bactéries, parasites ou résidus médicamenteux se retrouvent dans le digestat voué à être épandu dans les champs et pouvant infiltrer la nappe phréatique où est puisée l'eau potable.
Pour éviter les dégagements d'ammoniac inhérent au digestat, celui-ci doit être réinjecté dans les terres (plutôt qu'épandu dans les champs comme engrais). Or sur les terres calcaires, le digestat ne peut être enfouis et l'ammoniac s'évapore donc sur les parcelles, pouvant tuer des abeilles et insectes par sa toxicité. C'est actuellement la controverse qui touche le Lot, où une parcelle a été fertilisé par du digestat brut, qui aurait provoqué une extinction des abeilles et vers de terre[41].

La matière organique évoluée d'un sol est issue de la matière organique fraîche (composée de sucre, cellulose, amidon et lignine) qui va être assimilée par différents organismes, où chacun a son rôle à jouer pour transformer la matière. Parmi ces organismes, nous retrouvons principalement des champignons et bactéries. Le sol doit aussi être riche en oxygène pour alimenter les champignons. Or dans un digesteur anaérobie (sans oxygène), les champignons ne peuvent pas se développer. Le digestat épandu sur le sol contient des éléments minéraux et des bactéries, mais pas de champignons, qui sont indispensables à la création de l'humus, comme nous l'avions vu dans le chapitre sur les solutions agricoles.

Solution : le nucléaire : fusion versus fission

La fission nucléaire, qui est la méthode actuelle dans le nucléaire pour produire de l'électricité, consiste à casser les atomes pour en libérer l'énergie.

La fusion nucléaire, technique encore en recherche, consiste à reproduire un soleil miniature en boîte pour produire de l'électricité. Cette dernière fusionne les atomes alors que la première les casse.

La fusion serait la solution du futur car elle ne produit pas de déchets radioactifs ni de CO_2 (elle ne rejette que de l'hélium, non polluant) et a besoin de peu de ressources pour produire énormément d'électricité. Mais il faudra encore des décennies pour réussir à maîtriser les technologies nécessaires à la fusion nucléaire et l'électricité issue d'une fusion nucléaire ne sera pas produite avant 2040, voire 2050[42].

Solution : la mixité énergétique ?

L'énergie nucléaire, bien que faiblement émettrice de CO_2 présente des problèmes de recyclage des déchets radioactifs sur de milliers d'années.
Les énergies fossiles sont trop polluantes.
L'éolien et le solaire sont intermittents et nécessitent d'extraire des métaux rares non renouvelables.

Mon énergie, mon électricité

L'énergie hydroélectrique dénature le paysage et ne peut pas être installée partout.
L'énergie marémotrice concerne peu d'endroits au monde et ne pourrait subvenir à l'alimentation électrique mondiale.
L'énergie houlomotrice, très coûteuse, nécessite encore de nombreuses recherches scientifiques pour faire ses preuves.
La géothermie implique des forages pouvant amener à des affaissements de terrain et qui nécessite l'utilisation d'électricité pour fonctionner.
Le gaz naturel présente de nombreuses fuites sur son cheminement et le biogaz issu de la méthanisation présente aussi des risques de fuites, incendies, explosions, sans parler du digestat dont les impacts sur l'environnement sont encore peu connus.

Sommes-nous dans une impasse ? Les recherches scientifiques et l'ingénierie contribuent à améliorer les rendements des énergies renouvelables, à diminuer le poids de l'extraction des ressources naturelles pour créer celles-ci, à chercher des moyens de stockage électrique efficaces et le plus respectueux possible de l'environnement. La mixité énergétique est la solution du futur.
Quoi qu'il en soit, il faut retenir qu'il est impensable d'être moins mauvais pour l'environnement, il faut désormais être bon. L'usine de méthanisation est en un bon exemple : elle parait bonne pour l'environnement au premier abord, mais en réalité ce n'est pas le cas. Et pourtant les mérites de ce procédé sont criés sur tous les toits. Il faut stopper le greenwashing, arrêter d'écouter ce qu'on nous dit pour nous conditionner à croire que les techniques sont

vertueuses, et chercher la vérité, chercher comment quelque chose fonctionne (ou ne fonctionne pas), pourquoi une technique est prisée et pas une autre, prendre du recul et imaginer que derrière chaque décision, il y a de l'argent.

Au début du chapitre sur les énergies je m'étais dit : la méthanisation c'est une révolution (positive), les filières d'extraction des matières premières pour la création de smartphones sont hautement réglementées et n'impactent pas les droits humains, la voiture à hydrogène est l'avenir (vous allez voir que non)... Vous n'imaginez pas tout ce que j'ai appris en écrivant ce livre.
On ne voit jamais les coulisses, les accidents, les points de départ et d'arrivée des objets qu'on utilise tous les jours. A quoi bon alors se déplacer jusqu'à la déchetterie pour y déposer notre vieux réfrigérateur qui ne fonctionne plus quand on ne sait pas tout ce qui se trame en amont et en aval ?

J'étais ignorante. Je le suis encore sur de nombreux sujets. L'ignorance est le fardeau de l'humanité.

L'écologie positive et la sobriété sont l'avenir. Etre bon au lieu d'être moins mauvais, dans les entreprises, les collectivités mais aussi à l'échelle individuelle. Avoir un impact positif sur l'environnement. Surcycler et réutiliser plutôt que recycler. Considérer que tout déchet est une ressource mais qu'il est important de la réutiliser sans avoir d'impact sur l'environnement. Le créateur des maisons en carton Wikkelhouse utilise par exemple de la colle écologique pour fixer les couches de carton entre elles, si ce n'était pas le cas, ce serait aberrant. Dans l'écologie de demain, les connaissances technologiques et traditionnelles doivent se mutualiser pour s'inspirer l'une et l'autre. La symbiose et la prise en compte de l'écosystème doivent être de mise, comme dans le cas de la bioremédiation, la fabrication de plastiques biosourcés et biodégradables...

Demain, il ne s'agira pas seulement de savoir, mais de comprendre. Comprendre le fonctionnement technologique des énergies, du numérique et comprendre le fonctionnement intrinsèque de la nature pour s'en inspirer et l'appliquer à l'innovation. Comprendre la réciprocité : savoir quels organismes aident les végétaux à pousser, comment a lieu la mutualisation au-dessus et au-dessous des sols, comme les champignons qui créent des connexions électriques entre les arbres par l'intermédiaire des racines. Comprendre la vie dans sa globalité. La percevoir de façon synthétique et symbiotique. Vivre en sachant que tout est lié, que chaque élément dépend d'un autre, comme l'azote qui permet de nourrir les plantes mais dont un excès détruit ces plantes et bien d'autres milieux. Comprendre que la nature est un équilibre fragile, qu'elle a encore de nombreuses connaissances à nous apporter, connaissances qui seront d'ailleurs primordiales pour l'avenir de la technologie et de la médecine, et qu'il faut la respecter. Comprendre que si un maillon de la chaîne est défaillant, toute la chaîne l'est aussi. L'exemple parfait est celui des abeilles. Vous avez déjà entendu dire « si les abeilles meurent, le monde s'effondre » mais savez-vous pourquoi ? 1 plat sur 3 mangés par les humains est possible grâce aux abeilles. La mort des abeilles entraînerait la mort de milliers de plantes que nous mangeons[43].

Les animaux et végétaux interagissent les uns avec les autres et avec leur environnement physique et chimique, et nous sommes indéniablement connectés avec toute la planète. Après avoir « rendu malade » la terre, nous devons la guérir, c'est la plus importante mission à laquelle vous devez adhérer, dès votre réveil le matin, jusqu'à la nuit tombée. Pour résoudre les problèmes présents, il est important que notre manière de penser évolue au-delà du niveau auquel nous avons réfléchi le jour où ces problèmes ont été créés.

L'écologiste n'est donc pas le hippie qui vit de privation et de renoncement au confort présent dans la société moderne, c'est l'humain qui avance dans un monde moderne et technologique tout en sachant que la survie de son espèce est indéniablement liée à la Nature, cette entité concrète qui a créé la vie et que nous devrions glorifier plutôt que chercher à dompter. Nous ne sommes pas là pour prendre le parti d'un camp ou d'un autre, mais parce que nous sommes les gardiens de la planète. Nous devons travailler en collaboration avec elle au lieu de la combattre. Nous devons travailler en collaboration les uns les autres. Préserver la planète. La comprendre, comprendre son fonctionnement et coopérer avec elle pour le bien commun.

---

[1] LA RADIOACTIVITE. *Durée des déchets* [en ligne]. Consulté le 28 octobre 2019 sur : http://www.laradioactivite.com/site/pages/Duree_Dechets.htm

[2] C'EST PAS SORCIER. *Les déchets nucléaires* [vidéo en ligne]. Youtube, 04/12/2015 [consulté le 28 octobre 2019]. 1 vidéo, 26 minutes.
https://www.youtube.com/watch?v=Nm031krMtno

[3] C'EST PAS SORCIER. *Comment fonctionnent les panneaux solaires ?* [vidéo en ligne]. Youtube, 07/10/2016 [consulté le 28 octobre 2019]. 1 vidéo, 2 minutes.
https://www.youtube.com/watch?v=7BUjVyw5LaM

[4] CONSEILS THERMIQUES. *Les panneaux solaires hybrides* [en ligne]. [consulté le 28 octobre 2019]. Disponible sur :
https://conseils-thermiques.org/contenu/panneau-solaire-hybride.php

[5] EDF. *Comment une centrale solaire photovoltaïque transforme la lumière en électricité* [vidéo en ligne]. Youtube, 03/02/2015 [consulté le 28 octobre 2019]. 1 vidéo, 2 minutes.
https://www.youtube.com/watch?v=k_ut9pb3kjU

[6] PARISMATCH. *La centrale la plus puissante du monde* [en ligne]. Charlotte Anfray, 29 août 2016 [consulté le 28 octobre 2019]. Disponible sur :

https://www.parismatch.com/Actu/Sciences/La-centrale-solaire-la-plus-puissante-du-monde-1047169

[7] EDF. *Comment une centrale éolienne transforme la force du vent en électricité* [vidéo en ligne]. Youtube, 03/02/2015 [consulté le 28 octobre 2019]. 1 vidéo, 2 minutes.
https://www.youtube.com/watch?v=v6ZNDQ80ELE

[8] CONNAISSANC DES ENERGIES. *Energie marémotrice* [en ligne]. 15 mars 2015 [consulté le 28 octobre 2019]. Disponible sur :
https://www.connaissancedesenergies.org/fiche-pedagogique/energie-maremotrice

[9] WIKIPEDIA. *Energie marémotrice*. Consulté le 28 octobre 2019 sur :
https://fr.wikipedia.org/wiki/%C3%89nergie_mar%C3%A9motrice

[10] C'EST PAS SORCIER. *Energies de la mer : des océans au courant* [vidéo en ligne]. Youtube, 23/05/2013 [consulté le 28 octobre 2019]. 1 vidéo, 26 minutes.
https://www.youtube.com/watch?v=BbrFQfnnWqE

[11] https://www.turbulent.be/

[12] Turbulent Hydro. *Turbulent vortex demonstration* [vidéo en ligne]. Youtube, 09/10/2017 [consulté le 28 octobre 2019]. 1 vidéo, 1'30.
https://www.youtube.com/watch?v=pXFkrKygXQY

[13] Love Technologie. *Fonctionnement d'une centrale hydraulique* [vidéo en ligne]. Youtube, 04/09/2013 [consulté le 28 octobre 2019]. 1 vidéo, 1 minute.
https://www.youtube.com/watch?v=iu2H_SHr27o

[14] EDF. *Comment une centrale géothermique transforme la chaleur de la Terre en électricité* [vidéo en ligne]. Youtube, 16/09/2015 [consulté le 28 octobre 2019]. 1 vidéo, 2 minutes.
https://www.youtube.com/watch?v=ABp9A-ozlV4

[15] Vaillant. *Comment fonctionne une pompe à chaleur ?* [vidéo en ligne]. Youtube, 11/09/2015 [consulté le 28 octobre 2019]. 1 vidéo, 4 minutes.
https://www.youtube.com/watch?v=yNF15iaB4JQ

[16] EDF. *Comment une centrale biomasse transforme résidus végétaux et déchets en électricité*
 [vidéo en ligne]. Youtube, 31/08/2015 [consulté le 28 octobre 2019]. 1 vidéo, 2 minutes.
https://www.youtube.com/watch?v=B0Nq35wkpsk

[17] Veolia Group. *La cogénération biomasse* [vidéo en ligne]. Youtube, 29/09/2015 [consulté le 28 octobre 2019]. 1 vidéo, 2 minutes.
https://www.youtube.com/watch?v=7w5WAcO02MY

[18] https://www.enercoop.fr/

[19] https://ekwateur.fr/

[20] CONSEILS THERMIQUES. *Panneaux solaires photovoltaïques* [en ligne]. [consulté le 28 octobre 2019]. Disponible sur :
https://conseils-thermiques.org/contenu/panneaux_solaires_photovoltaiques_prix_rentabilite.php

[21] MY CHAUFFAGE. *Les principaux avantages et inconvénients d'un chauffe-eau thermodynamique* [en ligne]. [consulté le 28 octobre 2019]. Disponible sur :
https://www.mychauffage.com/blog/avantages-chauffe-eau-thermodynamique

[22] CEGIBAT. *Est-il possible de couvrir en moyenne 50 % des besoins d'ECS dans le cas de l'utilisation d'un CESI optimisé ?* [en ligne]. 3 juin 2019 [consulté le 28 octobre 2019]. Disponible sur :
https://cegibat.grdf.fr/reponse-expert/couverture-besoins-ecs-cesi-optimise

[23] ADEME. *Le chauffage et l'eau chaude solaire* [en ligne]. 2018 [consulté le 28 octobre 2019]. Disponible sur :
https://api.faire.fr/sites/default/files/2018-08/guide-pratique-chauffage-et-eau-chaude-solaires_0.pdf

[24] CONNAISSANCE DES ENERGIES. *Qu'est-ce que la cogénrétaion* [en ligne]. 22 juin 2011 [consulté le 28 octobre 2019]. Disponible sur :
https://www.connaissancedesenergies.org/qu-est-ce-que-la-cogeneration

[25] LES ECHOS. *Le gaz, une nouvelle option pour les « data centers »* [en ligne]. Anne Feitz, 30 mai 2014 [consulté le 28 octobre 2019]. Disponible sur : https://www.lesechos.fr/2014/05/le-gaz-une-nouvelle-option-pour-les-data-centers-284015

[26] ECO ENERGIES SOLUTIONS. *Micro-cogénération* [en ligne]. [consulté le 28 octobre 2019]. Disponible sur : https://www.ecoenergiesolutions.com/solutions/chauffage/micro-cogeneration

[27] ENGIE. *Comparez les chaudières gaz en un clin d'oeil* [en ligne]. [consulté le 28 octobre 2019]. Disponible sur : https://particuliers.engie.fr/economies-energie/travaux-economies-energie/chauffage/type-chaudiere.html

[28] Maison & Travaux. *La chaudière hybride, 3 minutes pour tout comprendre* [vidéo en ligne]. Youtube, 23/12/2016 [consulté le 28 octobre 2019]. 1 vidéo, 3 minutes.
https://www.youtube.com/watch?v=BCRzzAokZ1U

[29] ADEME. *Les chaudières à micro-cogénération gaz* [en ligne]. 4 février 2019 [consulté le 28 octobre 2019]. Disponible sur :
https://www.ademe.fr/particuliers-eco-citoyens/habitation/renover/chauffage-climatisation/chaudieres-a-micro-cogeneration-gaz

[30] VAILLANT. *Vaillant met en service sa première pile à combustible dans le Nord de la France* [en ligne]. [consulté le 28 octobre 2019]. Disponible sur :
https://www.vaillant.fr/espace-professionnel/actus-pros/pile-a-combustible/

[31] ENGIE LAB. *La micro-cogénération à pile à combustible* [en ligne]. Stéphane Hody. [consulté le 28 octobre 2019]. Disponible sur :
https://www.ademe.fr/sites/default/files/assets/documents/hydrogene-piles-atelier2.pdf

[32] RTE & VOUS. *A la découverte du métier de dispatcher* [en ligne]. 23 mai 2014. [consulté le 28 octobre 2019]. Disponible sur :
https://lemag.rte-et-vous.com/actualites/la-decouverte-du-metier-de-dispatcher

[33] RTE France. *Favoriser la maîtrise de la consommation* [en ligne]. Consulté le 28 octobre 2019 sur :
https://www.rte-france.com/fr/article/favoriser-la-maitrise-de-la-consommation

[34] C'EST PAS SORCIER. *Le grand voyage de l'électricité* [vidéo en ligne]. Youtube, 07/09/2015 [consulté le 28 octobre 2019]. 1 vidéo, 26 minutes.
https://www.youtube.com/watch?v=rMwuReV9DXk

[35] C'EST PAS SORCIER. *Ca gaz* [vidéo en ligne]. Youtube, 27/03/2013 [consulté le 28 octobre 2019]. 1 vidéo, 26 minutes.
https://www.youtube.com/watch?v=YlkeT_hUHTc

[36] Centr'Ere. *Conférence publique, gaz naturel – une énergie de transition ?* [vidéo en ligne]. Youtube, 31/08/2015 [consulté le 28 octobre 2019]. 1 vidéo, 1h10.
https://www.youtube.com/watch?v=RDyrZj6XRHq

[37] FEUILLAGE. *Professeur feuillage – épisode 01 – le gaz de schiste* [vidéo en ligne]. Youtube, 21/09/2014 [consulté le 28 octobre 2019]. 1 vidéo, 14 minutes.
https://www.youtube.com/watch?v=1t4t5akJXLc

[38] CONNAISSANCE DES ENERGIES. *Quelle est la différence entre la méthanisation et la méthanation ?* [en ligne]. 6 avril 2016 [consulté le 28 octobre 2019]. Disponible sur :
https://www.connaissancedesenergies.org/quelle-est-la-difference-entre-la-methanisation-et-la-methanation-120918

[39] LE JOURNAL CNRS. *Le gaz vert, une alternative au gaz naturel ?* [en ligne]. Lydia Ben Ytzhak, Juillet 2014. Consulté le 28 octobre 2019 sur :
https://lejournal.cnrs.fr/articles/le-gaz-vert-une-alternative-au-gaz-naturel

[40] AGRIBIOMETHANE. *Valorisation du digestat* [en ligne]. [consulté le 28 octobre 2019]. Disponible sur :
http://www.agribiomethane.fr/valorisation-du-digestat/p17815

[41] CONSOGLOBE. *Les digestats de la méthanisation : un 'fertilisant écologique' empoisonné ?* [en ligne]. Février 2019. Consulté le 28 octobre 2019 sur :
https://www.consoglobe.com/digestats-methanisation-fertilisant-ecologique-poison-cg

[42] FUTUREMAG - ARTE. *La fusion nucléaire peut-elle nous sauver ?* [vidéo en ligne]. Youtube, 03/10/2016 [consulté le 28 octobre 2019]. 1 vidéo, 20 minutes.
https://www.youtube.com/watch?v=-UC8eSbQiWU

[43] Kurzgesagt – In a nutshell. *La mort des abeilles expliquées – Parasites, poisons et humains* [vidéo en ligne]. Youtube, 09/07/2015 [consulté le 28 octobre 2019]. 1 vidéo, 6 minutes.
https://www.youtube.com/watch?v=GqA42M4RtxE

Mes transports

« L'homme se doit d'être le gardien de la nature, non son propriétaire » Philippe Saint Marc

Les deux tiers de la consommation mondiale de pétrole sont utilisés pour faire avancer voitures et camions. Le secteur des transports est au deuxième rang (derrière la production électrique) des émetteurs de dioxyde de carbone et représente 23 % de l'ensemble des émissions[1]. Le transport de marchandises par route est responsable d'une grande partie de toutes les émissions. Comme ce secteur semble être en pleine expansion à mesure que les revenus des pays augmentent, il devient impératif d'améliorer considérablement leur rendement énergétique et de construire des lignes de chemin de fer.

L'essence et le diesel sont créés à partir du pétrole issu des roches par forage ou fracturation hydraulique (dans le cas des gaz de schistes) au même endroit que le gaz naturel. En réalité les couches d'hydrocarbures sont plus profondes que les couches de gaz naturel. Le pétrole, après avoir été transporté jusqu'à une raffinerie, va subir de nombreuses transformations pour être transformé en essence/diesel/pétrole synthétique... Mais pour un litre d'essence ou de diesel, il faut énormément de pétrole.

Réduire la flotte de voitures, camions, avions et trouver des moyens de minimiser l'utilisation de carburant au sein d'un véhicule semblent être indispensables pour la survie de notre espèce.

Mes transports

Les transports, par ordre de pollution, du moins polluant au plus polluant

La marche à pied
Le running : vous pouvez désormais courir en ayant un impact solidaire sur la planète grâce à l'application KM for change, qui transforme vos kilomètres parcourus en argent pour les associations ou ONG de votre choix.
https://kmforchange.com/
Le vélo : 40 % des trajets en voiture en ville font en moyenne 3 kilomètres[2], ce qui est tout à fait faisable à vélo.
Le vélo ou la trottinette électrique
Le train (10 grammes de CO_2 par kilomètre)
Le bus (60g)
Le bateau (60g)
La voiture (170g), et ce chiffre augmente lors de l'utilisation de la climatisation et du chauffage (ouvrir les fenêtres plutôt que de mettre la climatisation réduit l'émission de CO_2 et peut vous éviter des angines)
L'avion (350g)[3]

Solutions : marche à pied, running, vélo, transports en commun, voiture occassionnelle...

Inutile de rappeler à quel point la marche à pied et le vélo sont bons pour la santé et permettent de faire des économies puisqu'ils vous évitent de payer un abonnement dans une salle de sport ou l'essence/diesel de votre voiture. Les vélos et trottinettes électriques sont de bons intermédiaires pour les lieux que vous fréquentez quotidiennement (travail, épicerie, amap, école..). Ne vous êtes-vous jamais retrouvés dans un embouteillage où vous avez vu une personne en vélo arriver avant vous à un lieu donné alors que vous l'aviez dépassé depuis longtemps ?

Des douches sur les lieux de travail peuvent assurer la viabilité des trajets les plus physiques.

La marche à pied peut aussi devenir collective, comme c'est le cas des pédibus, ou bus piéton, qui consiste à rassembler des écoliers pour les emmener à pied à l'école.

Les transports collectifs sont aussi une très bonne manière de réduire son impact environnemental et pour cela il existe de nombreuses possibilités :
- Utiliser les transports en commun comme les bus, trains, tramway, métro
- Faire du covoiturage ou le proposer pour ses trajets grâce à des sites internet et applications comme Blablacar, Blablalines (plutôt conçu pour les trajets quotidiens et domicile-travail), Roulez Malin, Mobicoop, IdvRoom, LaRoueVerte, FreeCovoiturage et bien d'autres[4]

<u>Si vous avez besoin d'une voiture occasionnellement</u>
Utilisez des services de location de voiture, ou d'autopartage avec ou sans abonnement.
https://citiz.coop/
Si les voitures empruntées sont en plus électriques, que demander de mieux ? http://clem.mobi/autopartage

Solution : La voiture électrique

Mes transports

Les voitures électriques sont en plein essor mais sont-elles vraiment écologiques ?

On sait que l'énergie grise dépensée pour la fabrication des voitures électriques est assez importante notamment pour la batterie lithium (extraction des métaux rares, processus de fabrication), que l'électricité nécessaire pour faire recharger la batterie est souvent issue de centrales à charbon ou de centrales nucléaires principalement. Or les émissions de CO_2 d'un véhicule électrique sont fortement impactées par l'origine de l'électricité utilisée. Pour être parfaitement écologique et compenser les émissions de fabrication, il est préférable de recharger votre batterie chez vous, et que vous optiez pour un fournisseur d'électricité verte.
Néanmoins, les émissions totales du véhicule électrique sur son cycle de vie sont inférieures à 100 g CO_2/km, alors que celles du diesel dépassent les 200 g CO_2/km.
De plus, les rejets polluants (oxyde d'azote, monoxyde de carbone) sont bien moindres que ceux d'un véhicule thermique, et aucun des 1400 polluants émanant d'un pot d'échappement thermique n'est présent. De la même façon, les particules ultrafines (nickel, plomb, antimoine…) liées au freinage sont cinq fois moins présentes que sur un véhicule thermique[5]. En effet, les poussières issues du freinage sont aujourd'hui la première source de particules d'une voiture moderne, il y a donc tout intérêt à adopter une conduite souple si vous avez un véhicule polluant.
Certains points sont cependant à prendre en considération : les sources de production d'électricité dans votre pays et l'appel de puissance à la recharge.
En effet, si l'électricité en France est principalement produite à partir du nucléaire (71%)[6], non émettrice de

CO2, ce n'est pas le cas de la Chine par exemple, où la production se fait essentiellement grâce au charbon et au pétrole (85%)[7] et de ce fait le véhicule électrique devient alors plus émissif que le véhicule à pétrole quand on prend en compte la totalité de sa durée de vie et la source d'approvisionnement de l'électricité utilisée pour la recharge du véhicule.
Plus il y aura de voitures électriques en circulation, plus la puissance de recharge augmentera si tous les véhicules se rechargent au même moment, entraînant des pics de consommation électrique et des centrales devant tourner davantage pour éviter un manque d'électricité[8]. Il faudra donc contribuer au développement des énergies renouvelables pour produire de l'électricité et l'utiliser sur le réseau.

Solution : la voiture à hydrogène ? Une idée controversée

Un moteur à hydrogène est un moteur électrique alimenté par une pile à combustible : en se combinant, l'hydrogène de la pile et l'oxygène de l'air produisent de l'électricité. Ainsi la pile à hydrogène est un moyen de stockage de l'électricité. L'électricité est utilisée quand le moteur est mis en marche.
Le pot d'échappement rejette ensuite de la vapeur d'eau.

Une pile à combustible est constituée comme une pile classique : d'un côté l'anode, de l'autre la cathode.
Dans une pile classique, l'anode reçoit du dihydrogène et grâce à une réaction chimique ces molécules sont décomposées avec d'un côté les électrons et de l'autre les noyaux.

Mes transports

Dans une pile à combustible, les étapes vont être les mêmes que précédemment puis les électrons vont être transportés par un conducteur vers la cathode et créer ainsi du courant électrique. Une voiture à hydrogène est une voiture électrique composée d'une pile à combustible.
Les opérations nécessaires pour produire du dihydrogène dans des usines se font grâce au méthane, présent dans le gaz naturel, mais aussi grâce à du charbon liquéfié ou du pétrole. Cela s'appelle le reformage du méthane. Ce procédé relâche du CO_2 dans l'atmosphère mais de façon bien moins importante que l'essence ou le diesel.
En dehors du reformage du méthane qui consiste donc à produire de l'hydrogène à partir du méthane issu du gaz naturel qui est une ressource non renouvelable, une autre technique, l'électrolyse a vu le jour.
L'électrolyse, aussi appelée « Power to Gas » consiste à faire passer le surplus d'électricité dans de l'eau afin d'obtenir de l'hydrogène qu'on va réinjecter dans le réseau de gaz (et in fine ce gaz redeviendra électricité). Ce procédé évite de produire l'hydrogène à partir d'énergies fossiles. Néanmoins, même dans le cas où l'électricité nécessaire à l'électrolyse est issue d'énergies renouvelables, elle demande plus d'énergie qu'elle n'en produit puisque l'énergie restituée ne constitue que 25% de l'énergie initialement utilisée pour électrolyser l'eau[9][10][11].

Les recherches scientifiques pour améliorer le rendement de l'électrolyse sont en cours. L'hydrogène, que ce soit pour les voitures ou les systèmes de chaleur/chauffage/électricité de la cogénération dans les bâtiments, n'est donc pas la solution miracle actuellement pour pallier au réchauffement climatique.

La voiture électrique reste un atout dans les pays dont la production d'électricité n'est pas majoritairement issue d'énergies fossiles. Les transports en commun, trains, vélos et marche à pied restant les meilleures options actuellement.

Que fait-on des véhicules hors d'usage (VHU) ?

Les VHU contiennent de nombreux produits toxiques et polluants (batterie, huile de vidange...) qui suivent des filières de recyclage spécialisé. Une grande quantité d'éléments sont récupérables et réemployés (phare, clignotant, matière première...) ou recyclés ; les carcasses et pièces non recyclables sont broyées pour y être valorisées ou mis en décharge.
Le site « mon épave » propose un annuaire des démolisseurs et broyeurs agréés mais il est important de vérifier auprès de votre préfecture si l'agrément du professionnel près de chez vous est toujours valide.
https://www.mon-epave.com/centres-vhu-agrees/
Certaines plateformes internet de préfectures disposent de la liste des professionnels agréés de votre département.
La reprise est gratuite si votre véhicule est complet et le professionnel doit vous remettre un récépissé de prise en charge pour destruction (Cerfa 12514*01).

[1] CONSOGLOBE. *Les transports : 23 % des émissions de gaz à effet de serre* [en ligne]. Mai 2009, consulté le 28 octobre 2019 sur :
https://www.consoglobe.com/secteur-transports-represente-23-3222-cg

[2] CEREMA. *Le chiffre du mois : 40%* [en ligne]. Guillaume Delorme, Juin 2015. Consulté le 28 octobre 2019 sur :
https://www.cerema.fr/fr/centre-ressources/newsletters/transflash/transflash-ndeg-398-juin-2015/chiffre-du-mois-40

[3] PLANETE ADDICT. *Quel est le mode de transport le plus écologique ?* [en ligne]. Novembre 2018, consulté le 28 octobre 2019 sur :
https://planetaddict.com/transports-ecologiques/

[4] https://www.blablacar.fr/
https://www.blablalines.com/
https://www.roulezmalin.com/
https://www.mobicoop.fr/
https://www.idvroom.com/
https://www.larouevertre.com/
https://www.freecovoiturage.fr/

[5] AUTOMOTO. *Plus la transition vers le véhicule électrique paraît évidente, plus les critiques à l'égard de ses vertus environnementales se font virulentes. Bilan carbone parfois désastreux, manque de matières premières pour les batteries, recyclage problématique : où est la vérité ?* [en ligne]. Jean-Luc Moreau, Septembre 2018. Consulté le 28 octobre 2019 sur :
https://www.auto-moto.com/green/de-lelectricite-lair-153725.html

[6] EDF. *Le nucléaire en chiffres* [en ligne]. Consulté le 28 octobre 2019 sur :

https://www.edf.fr/groupe-edf/espaces-dedies/l-energie-de-a-a-z/tout-sur-l-energie/produire-de-l-electricite/le-nucleaire-en-chiffres

[7] WIKIPEDIA. *Energie en Chine* [en ligne]. Consulté le 28 octobre 2019 sur : https://fr.wikipedia.org/wiki/%C3%89nergie_en_Chine#/media/File:Prod_nette_%C3%A9lec_Chine.jpg

[8] JANCOVICI. *La voiture électrique est-elle LA solution aux problèmes de pollution automobile ?* [en ligne]. Jean-Marc Jancovici, 2017. Consulté le 28 octobre 2019 sur : https://jancovici.com/transition-energetique/transports/la-voiture-electrique-est-elle-la-solution-aux-problemes-de-pollution-automobile/

[9] C'est pas sorcier. *Hydrogène : combustible du futur ?* [vidéo en ligne]. Youtube, 04/12/2015 [consulté le 28 octobre 2019]. 1 vidéo, 26 minutes. https://www.youtube.com/watch?v=7Bn9Gp5kuyI

[10] JANCOVICI. *Que peut-on espérer des piles à combustible et de l'hydrogène ?* [en ligne]. Jean-Marc Jancovici, 2006, consulté le 28 octobre 2019 sur : https://jancovici.com/transition-energetique/transports/que-peut-on-esperer-des-piles-a-combustible-et-de-l-hydrogene/

[11] COMMUNICATION GRT GAZ. *Le Power to Gas, une solution d'avenir pour stocker l'électricité d'origine renouvelable* [en ligne]. 2014. Consulté le 28 octobre 2019 sur : https://www.youtube.com/watch?v=yYbfbP3gsfo

Ma ville, ma collectivité

« Si l'on m'apprenait que la fin du monde est pour demain, je planterais quand même un pommier »
Martin Luther King

Solutions à l'échelle des villes

Qu'est-ce que ma ville peut mettre en place pour diminuer ses émissions de CO2 ?

- Remplacer les vieilles ampoules des lampadaires contre des ampoules LED
- Par rapport aux lampadaires existants, en faire marcher un sur deux entre minuit et 5h du matin par exemple, voir toute la nuit selon les endroits
- Favoriser l'implantation d'énergies renouvelables
- Créer des parkings de covoiturage (ou utiliser des parkings existants) et créer une plateforme web de tous ces parkings pour mettre en réseau les covoitureurs
- Mettre en place de grands compost urbains grâce à Ekovore et aux citoyens impliqués
  http://www.ekovore.com/
- Créer des emplois dans le compostage en mettant en place des tricycles pour ramasser les déchets organiques des restaurants d'entreprises et des collectivités comme l'ont merveilleusement réalisé La Tricyclerie de Nantes (prenons-en de la graine)
  https://www.latricyclerie.fr/
- A l'échelle des quartiers, pour se rendre à l'école, inciter à la création de "pédibus", qui consistent à rassembler un groupe d'enfants pour les emmener à pied à l'école (c'est bon pour le moral et la santé)

- Interdire les pesticides dans les espaces publics
- Promouvoir les constructions RT2020 à titre individuel
- Promouvoir la création d'éco-quartier
- Gérer les eaux usées en créant des stations d'épuration jardins-filtrants
- Gérer les eaux de pluie et promouvoir la végétalisation dans la ville afin d'éviter les inondations
- Concevoir des parkings en béton perméable pour éviter les inondations sur les parkings. Cela devrait même devenir la norme. http://www.tarmac.com/solutions/readymix/topmix-permeable/ Regardez la petite vidéo sur le site c'est impressionnant !
- Promouvoir les bus électriques
- Installer des parkings à vélos pour inciter les gens à utiliser ce moyen de transport
- Aménager le territoire en faveur des moyens de transport propres

N'hésitez pas à interpeller vos élus et à donner des idées pour la transition énergétique dans votre ville !

Solution : La gestion des eaux de pluie et de nos eaux usées

Selon le principe des jardins filtrants, les stations d'épuration peuvent se transformer en parcs. Les eaux seraient épurés grâce aux joncs, roseaux, bambous tandis que certaines plantes dépolluent les métaux rares tels que le cadmium, le zinc, le cuivre et les pesticides (atrazine). Les champignons font aussi leur part en dégradant les dioxines issues des processus industriels.

Les eaux de pluie peuvent être retenues par des bandes de plantation creuses, des techniques de bio rétention[1] ou l'installation de toiture végétalisée sur des toits de grande surface. Des bassins de rétention peuvent être installés dans les parcs et jardins et aux abords des zones inondables.

La mairie peut ajouter des stockeurs d'eau qui peuvent ensuite servir à arroser les jardins publics :
https://www.lesekovores.com/equipements/valoriser/

[1] JARDIN ALTERNATIF. *La bio rétention et les techniques d'aménagement* [en ligne]. Mars 2008. Consulté le 28 octobre 2019 sur : http:/jardin-alternatif.over-blog.com/article-17768678.html

Mon entreprise

« Il n'existe pas de crise énergétique, de famine ou de crise environnementale. Il existe seulement une crise de l'ignorance » Richard Buckminster Fuller

Ce paragraphe ne s'adresse pas uniquement aux dirigeants d'entreprises mais à tous les acteurs de l'entreprise, qui opèrent à chaque instant pour le devenir de la société.

Le développement durable est un facteur de performances.

- Faites appel à un cabinet de conseils indépendant spécialisé dans la stratégie bas carbone et l'adaptation au changement climatique, comme Carbone 4 http://www.carbone4.com/
- Faites appel à des consultants qui aident les entreprises à intégrer les enjeux sociaux et environnementaux à leur stratégie, pour les accompagner dans cette révolution grâce au cabinet Utopies http://www.utopies.com/fr/
- Le réseau CLER https://cler.org/ met en œuvre la transition énergétique sur le terrain, dans les entreprises, collectivités etc...

- Utilisez du papier recyclé, mais avant tout, essayez de minimiser les documents papiers, préférez dématérialiser au maximum vos fichiers / dossiers
- Faites recycler vos cartouches d'encre avec Conibi https://www.conibi.fr/
- Installez des bacs de recyclage avec LemonTri https://lemontri.fr/

Mon entreprise

- Munissez-vous d'un mug, d'une gourde, d'un verre personnel et d'une tasse à café afin de réduire au maximum l'utilisation des gobelets jetables dans les machines à café et les distributeurs d'eau. Donnez votre mug lorsque vous allez à la boulangerie pour prendre un café
- Prévoyez vos couverts quand vous restez sur place le midi, et refusez les couverts jetables des restaurants de cuisine à emporter
- Installez la police ecofront, ryman eco ou spranq eco, qui permet de faire des économies d'encre (de l'ordre de 33% environ) lors d'impressions et des économies d'argent
- Si c'est possible, favorisez le télétravail une journée ou plus par semaine pour limiter les déplacements.

- Installez dans la salle de repos une carte de votre région et un tableau pour que chacun dessine ses trajets et indique son adresse, favorisant ainsi la mise en place de covoiturage

- Obtenez la certification/ label B corp. La communauté B corp réunit les entreprises à but lucratif qui souhaitent affirmer leur mission sociétale au cœur de leur raison d'être, démontrer leur impact positif en ne cherchant pas à être les meilleures AU monde mais les meilleures POUR le monde, et créer ainsi un réseau interdépendant d'entreprises privées qui se mobilise au service de la société https://bcorporation.eu/about-b-lab/country-partner/france

- Rejoignez le réseau BALLE Business Alliance for Local Living Economies, dont le but est de créer un réseau mondial d'économies locales interconnectées, qui fonctionnent en harmonie avec la Ntaure, afin de favoriser une vie saine, prospère et joyeuse pour tous https://bealocalist.org/

- Installer des douches dans votre entreprise pour inciter vos collaborateurs à venir au travail à vélo
- Instaurer le running solidaire avec KM for change dans votre entreprise

- Ecoconception : Concevez les objets de façon à ce qu'ils ne contiennent vraiment aucune substance nocive et n'encouragent pas des pratiques nuisibles à la santé de l'homme ou de l'environnement. Dressez la liste des différents matériaux intervenant dans l'élaboration d'un objet précis et des substances qu'il risque de relâcher au cours de sa fabrication et de son usage. Demandez-vous s'il existe des caractéristiques problématiques : toxicité, cancérigène...

- Créez le passeport d'un produit, d'un immeuble... : listing des produits le contenant, des produits à recycler...

- Vous souhaitez créer une entreprise à social business qui servira l'intérêt général ? Faites-vous accompagner par le groupe Ashoka, accélérateur de l'émergence de nouveaux modèles. https://www.ashoka.org/fr-FR/home

- Vous voulez devenir entrepreneur du changement et souhaitez des renseignements pour cela ? Suivez les

formations du site Ticket For Change
https://www.ticketforchange.org/

- Vous avez une âme d'innovateur ? De créateurs ? D'entrepreneurs ? Parcourez le site Shamengo, une véritable humanothèque des acteurs qui contribuent à un monde meilleur plus éthique, qui préservent la planète et s'engagent pour les autres grâce à leurs idées innovantes.
https://www.shamengo.com/fr/

- Formez-vous sur de nombreux sujets (gouvernance partagée, démocratie contributive, agroécologie, création d'habitat groupé...) grâce à l'université en ligne des Colibris
https://www.colibris-lemouvement.org/

- Envie d'adrénaline et de relever des défis ? Lancer vous dans la création d'une entreprise socialement responsable (RSE) pour le Bien Commun, comme un supermarché coopératif (food coop[1] [2]) où chaque membre possède un part et doit y être client et bénévole quelques heures par mois.

- <u>Créez une conciergerie solidaire de quartier : c'est un lieu où plusieurs services sont proposés afin d'aider les habitants dans leur vie de tous les jours</u> (pressing, cordonnerie, repassage, couture, prise en charge de service administratif, garde d'enfants ponctuelle ou régulière, le ménage, l'arrosage des plantes, l'entretien du véhicule...)

Mon entreprise

- Vous avez une idée d'entreprise respectueuse de l'environnement et souhaitez connaître sa rentabilité ? Le label « Solar Impulse Efficient Solution », tout récent, valide la durabilité et la rentabilité économique de technologies innovatrices.

---

[1] CINEMA PLAZA ART. *Food Coop – Bande-annonce* [en ligne]. Février 2017. Consulté le 28 octobre 2019 sur : https://www.youtube.com/watch?v=D1olYdisOz0

[2] TOUT COMPTE FAIT. *Ces supermarchés qui défient la grande distribution* [en ligne]. Avril 2016. Consulté le 28 octobre 2019 sur : https://www.youtube.com/watch?v=yOOwLMnDdKY

Mon chez moi

« Notre Terre mère, militarisée, clôturée, empoisonnée, témoin de la violation systématique des droits fondamentaux, nous exige d'agir » Berta Caceres

Agissez par choix, et soyez convaincu du bien fondé de votre démarche.
Il ne s'agit pas pour vous de changer de vie, de métier... Il s'agit de trouver du sens à ce que vous faites, que vous vous demandiez comment vous pouvez faire en sorte, avec la vie que vous avez, d'avoir un impact positif sur notre planète. Demandez-vous comment vous vous nourrissez, déplacez, habillez... ? Et cherchez si d'autres possibilités plus respectueuses, bienveillantes et écoresponsables de l'environnement existe. Ce n'est pas facile de changer ses habitudes, au début, on met en place un protocole qu'on suit, ensuite, cela devient un automatisme, comme lorsqu'on apprend à conduire une voiture !
Tentez d'optimiser au maximum votre quotidien pour continuer à profiter du confort tout en cherchant les meilleures solutions pour entrer dans l'air de l'écologie positive. Et faites tout ça de façon naturelle, sans vous contraindre sinon ça ne fonctionnera pas. Conformez votre démarche d'écologie à votre bonheur et confort. Prenez le changement comme un jeu, un renouveau dans votre vie, empli d'expériences enrichissantes que vous pourrez partager. Soyez cohérents avec vos valeurs, mais aussi flexibles et conciliants, vous ne pouvez pas contrôler vos amis ou votre famille et si vous êtes invités et que le plat servi contient de la viande, ne vous braquez pas.

Mon chez moi

Vivez au quotidien différemment, en trouvant un rythme et un mode de vie plus respectueux de la planète, et devenez à chaque instant une meilleure version de vous-même. Au début ce sera difficile de mettre en place de nouvelles pratiques, mais la fierté de réaliser des actes en rapport avec vos valeurs profondes auront un effet boule de neige et renforcera votre cohérence personnelle. Vous n'aurez alors plus peur de dire « je suis un homme, je suis végétarien, oubliez le chasseur de Neandertal dont la virilité s'exprimait par l'offrande de la viande, je suis un homme moderne, qui vit avec son temps, et il est grand temps de restaurer la planète ». A ce moment-là, il n'est plus alors question de convaincre votre entourage d'adapter de bonnes habitudes, il suffit d'être, être l'exemple est le seul moyen de convaincre, rappelez-vous.

<u>Pour réduire vos consommations et de ce fait, faire des économies, quelques gestes simples sont à mettre en place, pièce par pièce :</u>

<u>Dans toute la maison :</u>

- Changez toutes vos ampoules anciennes pour des ampoules Led basse consommation (90% d'énergie de moins qu'une ampoule à incandescence pour la même quantité de lumière, énergie créant de la lumière et non pas uniquement de la chaleur[1])

- Quand vous partez en vacances : éteignez votre ballon d'eau chaude, videz votre réfrigérateur (comme vous êtes super organisée vous avez prévu les plats de façon à ce qu'il n'y ait plus rien dans le frigo avant de partir, ou bien vous donnez les restes à vos voisins ou votre famille), videz votre congélateur, profitez-en pour le laisser dégivrer et le nettoyer de fond en comble à votre retour, donnez les légumes et fruits restant à vos voisins pour éviter qu'ils pourrissent en votre absence, pensez à éteindre l'intégralité de vos appareils électriques (ne les laissez pas en veille) et à éteindre les chauffages

- Coupez le chauffage quand vous êtes absents en journée

Cuisine :
- Le rendement de votre congélateur peut diminuer si trop de givre est présent. Dégivrez le sans utiliser d'instruments pointus ou aiguisés pour éviter de percer la paroi et que le congélateur devienne alors inutilisable, puis nettoyer le. Dépoussiérez la grille arrière pour que l'évacuation de chaleur se fasse bien et laissez un espace entre le mur et le réfrigérateur (5cm minimum) pour que celle-ci circule mieux. Cette action doit se faire tous les trois mois[2].
- Utilisez l'eau du robinet que vous mettez dans une carafe ou une gourde. Pour purifier l'eau du robinet, vous pouvez utiliser un morceau de charbon actif réutilisable[3]
- Recyclez vos bouchons en liège pour promouvoir la plantation de chênes liège par la réutilisation des bouchons grâce à Planète Liège http://www.planeteliege.com/recyclage.php où vous trouverez tous les points de collecte, ou sur ce site EcoBouchon http://www.ecobouchon.com/

- Recyclez vos bouchons en plastique permettra d'aider à l'achat de matériel pour personnes handicapées grâce à Bouchons d'amour https://www.bouchonsdamour.com/
- Quand vous faites chauffer l'eau de cuisson, ajoutez un couvercle pour éviter la déperdition de chaleur et gagner du temps
- Utiliser des ustensiles adaptés à la taille des plaques. Eteignez les un peu avant la fin de la cuisson
- N'installez pas votre réfrigérateur/congélateur à cote des plaques de cuisson, four ou autre appareil chauffant
- Privilégiez le tissu (serviettes, mouchoirs et torchons en tissu), bannissez l'essuie-tout, ou utilisez-le uniquement en cas d'urgence (je pense surtout aux bébés là)
- Cuisinez vos épluchures. Vous pouvez les faire en salade, soupe, gratin, pesto, gelée, confiture d'écorces... Le site marmiton propose un dossier complet ainsi que des recettes https://www.marmiton.org/magazine/tendances-gourmandes_miam-des-epluchures_1.aspx
- Affichez les consignes de tri de votre collectivité dans votre cuisine
- Utilisez un mousseur aérateur sur vos robinets (il en existe aussi à débit variable) pour économiser l'eau jusqu'à 50%[4].
- Pour décongeler un plat congelé, mettez-le dans le frigo car les aliments du réfrigérateur profiteront de la fraîcheur du plat congelé

Buanderie :
- Préférez l'étendoir portable au sèche-linge très énergivore. L'avantage de l'étendoir portable est de pouvoir le rentrer à l'intérieur si une averse survient

Mon chez moi

Bureau :
- Débranchez tous les chargeurs de vos appareils quand vous ne vous en servez pas

Salle de bains :

- Si vous n'avez pas pu investir dans une douche infinie, fixez-vous une limite de temps à passer sous la douche, allez disons trois minutes (je suis sûre que certains d'entre vous réussiront en deux minutes), et bien sûr, coupez l'eau quand vous vous savonnez
- Sinon, lavez-vous au gant et seau d'eau chaude une fois sur deux, cela fera encore plus d'économie d'eau
- Achetez des oriculis pour remplacer les coton-tige jetables, des brosses à dents en bambou ou en bois à la place de celles en plastique
- Placez une bouteille d'eau rempli dans le bloc d'eau des wc pour réduire la consommation d'eau ou installez des toilettes sèches
- Pour vous démaquiller ou nettoyer les fesses de votre bébé, passer aux disques démaquillants et carrés bébés en tissu lavables. Les gants de change existent également. La marque « Les tendances d'Emma » a pour objectif de remplacer 6 ans de produits jetables par les produits qu'elle conçoit, ce qui fait une économie de 250€. https://www.tendances-emma.fr/
- Mesdames, abandonnez les serviettes et tampons jetables au profit de serviettes en tissu ou d'une cup menstruelle
- Bannissez le jetable, préférez les couches lavables pour les nourrissons

Produits d'entretien :

- Pour les produits d'entretien, bannissez les produits toxiques, irritants, corrosifs et dangereux signalés par les pictogrammes suivants

- Fabriquez vos produits d'entretien écologiques grâce à de nombreux produits naturels sans risques qui détartrent, désodorisent, assainissent et dégraissent : vinaigre blanc, jus de citron, bicarbonate de soude... et au savon de Marseille et savon noir pour le linge et l'entretien de la maison.
- N'utilisez surtout pas d'huiles essentielles qui détruisent l'écosystème. Il vaut mieux laisser macérer des écorces d'oranges ou de citrons dans du vinaigre et le diluer ensuite à l'eau pour nettoyer votre habitat.

Dans la vie de tous les jours :

- Ayez toujours dans votre sac à main des couverts en métal et un Tupperware pour les petits plats que vous prenez dans les snacks

- Utilisez une boîte à lunch pour vos repas quand vous n'êtes pas chez vous.

Mon chez moi

- Dites stop aux pailles « non merci pas de pailles » doit devenir un réflexe
-
- Utilisez des piles rechargeables que vous rechargez avec un appareil de recharge universel

- Suivez l'actualité One Heart[5] (s'informer pour mieux agir), une plateforme de la solidarité où vous trouverez des informations et solutions engagées pour permettre à tous de devenir un acteur du changement. Agissez, trouvez des reportages, découvrez les dernières innovations en matière de développement durable…
-
- Soutenez terre de lien[6], association qui œuvre à créer des fermes biologiques dans tout le territoire français et accompagne les agriculteurs à la transition énergétique
-
- Utilisez un « care game » et jouer sur votre téléphone et soutenez des causes tout en vous amusant, avec le Schmilblick qui reverse 15% des gains à des associations de votre choix[7]
-
- Utilisez l'application Goodeed, qui permet à tout le monde de réaliser des dons gratuitement en visionnant de courtes publicités (trois par jours maximum)[8]

Pour les vacances :

- Voyager différemment avec Fair'trip, qui référence des hébergements, restaurants, ou expériences pour leur caractère authentique et leur impact positif partout dans le monde https://www.fairtrip.org/ et Voyagir qui
-

facilite l'accès et la visibilité d'un tourisme plus responsable en valorisant les efforts sociaux et environnementaux https://voyagir.org/voyage-responsable/

Gain de place :

Vous avez peu de place dans votre habitat actuel et souhaitez déménager ?

Tentez avant de trouver d'autres solutions pour gagner de la place en optimisant l'espace. Il existe des bureaux muraux pliables, des lits escamotables, des tables à langer pliables rabattables, des tables consoles extensibles...

Vous rappelez-vous de cette pub de Renault qui disait « Et si le vrai luxe c'était l'espace » ? A l'instar des Tiny House, je dirais plutôt que le vrai luxe est l'aménagement de l'espace.

---

[1] M HABITAT. *Le prix d'une ampoule Led* [en ligne]. Consulté le 28 octobre 2019 sur : https://www.m-habitat.fr/eclairage/ampoules-led/le-prix-d-une-ampoule-led-819_A

[2] CONSOGLOBE. *Trucs et astuces : comment dégivrer son congélateur* [en ligne]. Aurore, Juillet 2019. Consulté le 28 octobre 2019 sur : https://www.consoglobe.com/trucs-astuces-degivrer-congelateur-cg

[3] CONSOGLOBE. *Je purifie l'eau du robinet avec du charbon actif* [en ligne]. Aurore, octobre 2019. Consulté le 28 octobre 2019 sur :
https://www.consoglobe.com/purifie-eau-charbon-actif-cg

[4] HOME SERVE France. *Réduire le débit d'eau d'un robinet avec un mousseur* [en ligne]. Septembre 2013. 2 minutes. Consulté le 28 octobre 2019 sur :
https://www.youtube.com/watch?v=zxJDmAUP9QQ

[5] https://www.oneheart.fr/

[6] https://terredeliens.org/

[7] https://www.leschmilblick.fr/

[8] https://www.goodeed.com/

RESUME (et quelques nouvelles notions)

Une des causes de l'inaction face à cette catastrophe écologique vient de la controverse sur les causes du réchauffement climatique (capitalisme, anthropocène, démographie, certaines religions, certains pays ou certaines cultures plus responsables que d'autre...). En réalité les causes sont multiples et interconnectées. Ainsi nous ne pouvons plus nous reposer derrière nos croyances sur les raisons des causes ou notre ignorance sur les effets réels. La vérité est là, le réchauffement climatique est bien présent, les sceptiques ne peuvent plus y déroger.

Malgré notre idéologie, cessons d'être ignorant, et maintenant que nous avons les solutions et les cartes en main, cessons notre inertie, passons à l'action !

Vous savez désormais qu'il n'y a pas que le dioxyde de carbone qui impacte notre climat, mais aussi le méthane, sur une échelle de temps plus courte, qui est 25 fois plus puissant que le CO_2 et l'oxyde d'azote, 300 fois plus puissant que le CO_2.

Voici un récapitulatif des problèmes dans leur ensemble :

> Mer : présence de plastique et déchets, pesticides terrestres tuent écosystèmes marins, manque d'oxygène, les poissons n'ont pas le temps de se reproduire, trop de pêche illégale

Résumé

Terre : agriculture conventionnelle trop énergivore, déforestation, utilisation d'eau pour nourriture du bétail

Alimentation, gestion des déchets : gaspillage, trop d'emballages, consommation de mauvais produits (avec pesticides, trop de consommation de viandes et de poissons)

Mode : la fabrication de vêtements consomme beaucoup d'eau, beaucoup trop de transports pour fabriquer un seul vêtement

High tech : extractions métaux rares, utilisation d'eau, absence de recyclage, certains composants encore utilisables partent à la déchetterie car pas de conception modulaire des produits

Fête : papier cadeau intensif, déforestation des sapins, repas copieux avec viandes, assiettes, verres et couverts jetables

Numérique : data center énergivore, mails à outrance, streaming énergivore

Habitation : mauvais matériaux, mauvaise isolation, utilisation de la climatisation, matériaux de construction énergivores (ciment)

Résumé

Energie : usines à charbon, difficulté de stockage de l'énergie intermittente

Vous savez que l'avenir repose sur plusieurs piliers, interdépendants les uns des autres, permettant de cocréer le monde de demain :

Les produits locaux, le local, l'économie de proximité, la relocalisation : ce que nous utilisons pour vivre et notamment manger doit venir d'à côté et être sain et respectueux de l'environnement (bio)
Relocaliser les activités permet de limiter l'impact écologique des transports et l'exploitation des ressources dans des pays lointains, permet d'œuvrer à une économie de proximité, circulaire et dont l'empreinte carbone est la plus faible possible, et d'instaurer la confiance entre consommateurs et producteurs.
Relocaliser est source d'emplois puisque cela nécessite d'équilibrer les **aménagements territoriaux**.
Redynamiser le territoire par des aménagements bons pour les emplois d'aujourd'hui et les générations futures.

L'économie circulaire : « rien ne se perd, rien ne se crée, tout se transforme », **« les 5 R et le P »** (Refuser d'acheter toujours plus, Réparer ses appareils, Réemployer en donnant ou en vendant, Réutiliser en favorisant l'économie circulaire, Recycler, Partager), **la gestion des déchets**

L'économie de la fonctionnalité, de l'usage : « tout produit ne m'appartient pas, j'en paie l'usage et je le rends à son fabricant une fois que je ne m'en sers plus »

Résumé

L'économie de la modularité, l'écoconception : fabriquer les produits de façon à facilement en changer les pièces cassées pour le réintroduire rapidement sur le marché »

Le biomimétisme, qui s'inspire des formes, matières, propriétés, processus et fonctions du vivant, et **l'écocatalyse**, qui combine écologie et chimie : « je m'inspire du savoir sur la nature pour ma vie quotidienne (la décomposition de la matière organique comme dans la nature : compost de surface) et pour résoudre les problèmes en respectant l'environnement (stations naturelles d'épuration, jardins filtrants)

L'agroécologie et **la permaculture** qui s'inspirent du vivant

La **reforestation**, qu'elle soit terrestre ou sous-marine, la plantation d'arbres et d'espèces végétales permet de recréer des puits naturels de carbone. Pour rappel, la terre a perdu les 2/3 de ces puits dans les dernières décennies. Ainsi, la méthode **d'Akira Miyawaki** pourrait être la clé de voûte de la reforestation du XXIèle siècle. Cette technique favorise la plantation d'espèces indigènes car elles poussent dix fois plus vite qu'une plantation classique, permettant de séquestrer plus rapidement le carbone.
La **protection et la création des forêts avec des plantations d'espèces résistantes.**

Le collaboratif : « je partage mes découvertes, je m'inspire des idées de mes amis, ensemble, nous créons le monde de demain »

Résumé

La mixité énergétique est de mise actuellement : la technologie pourra à l'avenir apporter des solutions pour une meilleurs production et gestion de l'énergie mais pour le moment, les énergies renouvelables présentent le problème du stockage de l'électricité, le nucléaire présente le problème des déchets radioactifs, le gaz naturel et la méthanisation sont controversées, la pile à hydrogène consomme plus d'énergie qu'elle n'en produit...

Dans le cas de l'habitat, la technologie des énergies propres devra être couplée avec **l'architecture bioclimatique** et les **performances énergétiques des matériaux** pour créer des bâtiments qui produisent AUTANT que ce qu'ils consomment, c'est-à-dire des BePos ou RT2020 (pourquoi créer des bâtiments qui produisent plus que ce qu'ils consomment ?). Dans ce cadre, les réseaux intelligents ou **smart grid** ont leur place. Les smart grid correspondent à un réseau de distribution d'électricité qui favorise la circulation d'information entre les fournisseurs et les consommateurs afin d'ajuster le flux d'électricité en temps réel et permettre une gestion plus efficace du réseau électrique, évitant ainsi les déperditions, grâce, entre autre, à des compteurs communicants et des thermostats connectés. La **domotique**, qui correspond à la gestion à distance de l'ensemble des appareils électroniques et électriques de la maison, a aussi de beaux jours devant elle. Ainsi pourront naître des **Smart cities** (villes intelligentes), où les points environnementaux, sociaux et culturels sont intégrés par l'intermédiaire d'une **gouvernance participative** et d'une **gestion éclairée des ressources naturelles**. Citoyens, entreprises, associations et collectivités travaillent de concert pour allier économie territoriale et développement durable dans une approche pluridisciplinaire. Les villes de Louisville, Songdo et Santander en sont un exemple. Les smart cities utilisent l'internet mobile et les données entre les infrastructures afin d'optimiser en permanence la consommation et améliorer l'efficacité des services urbains (énergie, eau, transport, sécurité, parkings intelligents, durée des feux en fonction du trafic, puiser l'électricité sur le réseau aux heures creuses pour recharger les véhicules électriques...). Les smart cities sont un exemple dans la mesure où elles œuvrent à diminuer le gaspillage des ressources.

Une meilleure gestion des ressources naturelles et de l'énergie c'est bien, la **sobriété** c'est aussi non négligeable. La sobriété doit être de rigueur dans **l'éducation** de nos enfants et dans notre quotidien :

> **Sobriété alimentaire** : Pas de viande afin de diminuer la déforestation et la monoculture pour la nourriture du bétail. Pas de poissons afin de leur laisser le temps de reproduction. Pas de produits venant de loin afin d'éviter la pollution par les kilomètres parcourus. Pas de produits présentant des emballages à jeter afin d'éviter de retrouver notre emballage au bord de nos belles plages. Favoriser le vrac, les produits locaux, de saison et bio afin de réduire le taux trop important d'engrais azoté dans les sols, les nappes phréatiques et de ce fait les mers et océans. Pas de produits utilisant de l'huile de

Résumé

palme non responsable mais des produits présentant le label RSPO (Roundtable on Sustainable Palm Oil). Compostage. Réduction du gaspillage alimentaire (congélation, don aux voisins, don aux associations, frigo solidaire…).

Sobriété de la consommation : Rien de neuf. Ne rien jeter. Les 5R et le P. Mutualisation des outils et objets. Donner, prêter, louer. Givebox.

Sobriété numérique : Réduction des fichiers sur le cloud (disque dur externe à privilégier). Suppression des anciens mails et anciens contenus réseaux sociaux et youtube. Suppression des newsletters. Ecoconception logiciels et web.

Sobriété de l'habitat : Petits espaces bien aménagés. Favoriser la convivialité. Utiliser des matériaux respectueux de l'environnement. Prendre en compte l'énergie grise. Végétaliser, faire son potager.

Sobriété énergétique : Couper les lumières et veilles. Végétaliser jardins, balcons et intérieur pour diminuer la climatisation. S'inscrire à un fournisseur d'électricité verte. Panneaux solaires.

Sobriété dans les transports : Favoriser les transports respectueux de l'environnement. Préférer les véhicules électriques. Mettre à l'œuvre la mobilité 3.0 (smart mobility) afin que les déplacements soient vus comme des services, c'est le concept de « mobility as a service » (mobilité comme un service), **basé sur le principe d'aller d'un point à un autre quel que soit le mode de transport utilisé, public comme privé grâce à l'unification des services de mobilités sur une seule plateforme web ou application.**

La décroissance économique va laisser la place à une croissance intellectuelle, humaniste, altruiste, épicurienne et durable.

Sensibiliser et inculquer la simplicité volontaire, le respect et la protection de la Nature, l'économie du Bien Commun, l'égalité, l'altruisme, la liberté et la tolérance, font partie des missions auxquelles nous devons œuvrer à chaque instant, quel que soit notre culture, notre religion ou notre mode de vie. Nous devons être aussi tolérants envers les immigrés que nos voisins, et leur accorder autant que possible la liberté de suivre leur tradition, sous réserves qu'elles ne portent pas atteintes aux libertés et droits des autres. Les différences interhumains n'impliquent pas de hiérarchie et nous devrions attacher une valeur égale à toutes les croyances, cultures et pratiques. Les changements environnementaux que subit la planète nous impacte tous, ainsi, grâce au réchauffement climatique peut naître **une identité mondiale** qui unirait tous les êtres humains dans la quête d'un futur meilleur. Dans cette identité mondiale, le racisme, lié à des caractéristiques physiques, et le culturisme, lié à des préjugés sociologiques, n'ont plus leur place.

Montrer les initiatives, les innovations et les bonnes solutions pour que d'autres puissent les appliquer sur leur territoire, dans leur pays

Chaque organisation du monde, que ce soit une organisation politique, une entreprise, une collectivité, une école, leurs élèves… doit mettre en place un système de **gouvernance démocratique participative**, dans lequel une diversité d'acteurs partagent les pouvoirs décisionnels et les responsabilités. Cette **collaboration** permet à chacun de se sentir concerné par les enjeux et impacts du système, et de trouver les solutions grâce à **l'intelligence collective**.

Il n'existe pas une solution miracle et c'est d'ailleurs la raison pour laquelle la transition énergétique est difficile à mettre en place, tant à l'échelle individuelle que nationale ou mondiale. **Les solutions regroupent de nombreux domaines qui doivent être intégrés ensemble dans une synergie gloable.** Le système entier doit être repensé : les villes, où l'individualisme règne, doivent être interconnectées à l'instar des smart cities ; les entreprises d'un territoire doivent remplacer la concurrence et la compétitivité par des échanges afin de créer un réseau d'économie circulaire ; de ce fait l'économie mondiale doit changer pour devenir d'avantage territoriale et résiliente avec la création d'une multitude de monnaies locales complémentaires ;

Résumé

les citoyens doivent s'ouvrir à leur quartier et à leurs voisins pour favoriser la mutualisation et le partage, et créer une gouvernance participative pour favoriser l'intelligence collective.

Nous devons passer de l'individu à l'ensemble car les actes de chacun ont des conséquences pour tous les habitants de la planète. Nous devons passer d'un monde centré sur soi à un soi centré sur le monde.

Les idées et solutions précédemment citées peuvent être appliquées à l'échelle individuelle, régionale, d'un pays ou du monde entier.

Il faut améliorer la technologie grâce à la R&D pour trouver les solutions qui remplaceront le fossiles ou au moins diminueront l'empreinte carbone des énergies et produits du quotidien par 4 (d'après un rapport du groupe intergouvernemental des experts étudiant l'évolution du climat GIEC, le facteur de diminution doit être à minima de 4 pour garantir un réchauffement de 2° maximum).

Il faut faire preuve de sobriété volontaire.

Il faut utiliser les technologies que nous avons pour réduire l'impact du réchauffement climatique (énergie solaire et éolien notamment, smart grid, villes connectées et intelligentes, covoiturage, transport en commun...). Les outils cités doivent devenir la règle.

Résumé

Il faut utiliser la Nature pour nous protéger et la protéger (planter des arbres à outrance, agriculture respectueuse, agroécologie...)

Voici une liste non exhaustive des problèmes mondiaux liés ou non au réchauffement climatique mais qui constituent des améliorations à apporter :

- La corruption : la corruption dans les pays émergents empêche le développement d'infrastructures qui permettraient aux populations de se sortir en partie de la pauvreté, notamment par le biais de l'éducation.
- L'absence de couverture sociale, de protection en matière de chômage ou de retraite, l'absence d'assurance touche 4 milliards de personnes. Dans les pays en développement, les parents, qui n'ont aucune protection, misent sur leurs enfants pour subvenir à leurs besoins quand ils seront âgés. Cela explique en partie le fort taux de natalité dans les pays émergents. Au sujet de la pauvreté dans le monde, je vous conseille vivement le livre d'Esther Duflo et Abhijit v. Banerjee, économistes, « Repenser la pauvreté », qui nous invite à prendre du recul sur nos éventuels préjugés à l'égard des pays émergents et à reconsidérer le système dans sa globalité et sa complexité.
- Le manque d'éducation et d'autonomisation des êtres humains : éduquer les enfants du monde, et notamment les filles, permettrait un accroissement des revenus sur une longue période pour chaque individu et une diminution volontaire du nombre de grossesses chez les adolescentes et jeunes femmes. Les femmes qui ont suivi

Résumé

une scolarité entière sont plus à même de comprendre la sexualité, la grossesse et l'accouchement, et ainsi de faire le choix de partenaire de vie. Diminuer la natalité mondiale permettrait de réduire l'accroissement du nombre de consommateurs et donc, de réduire l'accroissement du réchauffement climatique. Pour réduire la natalité, l'éducation est nécessaire.

- Le coût de la scolarité est encore trop important. Le réduire et mieux sensibiliser la population aux bienfaits de l'éducation engendreraient un effet positif sur le taux de participation des enfants, quel que soit le pays.
- Plus le temps de déplacement pour se rendre à l'école augmente plus le taux d'inscription à l'école est bas. De même la santé d'un enfant impacte son inscription et son taux d'absentéisme à l'école, la distribution de traitements anti-anémie et de vermifuges dans les pays en voie de développement doit être couplée à la scolarité pour éviter le décrochage scolaire. C'est aussi le cas dans certaines zones de pays développés.
- Le décrochage scolaire, dans n'importe quel pays, est un problème puisqu'il impacte directement la vie adulte en engendrant davantage de chômage et des difficultés d'intégration sociales. Moins de 40% d'adolescents dans le monde achève le cycle secondaire.
- Le manque de formations professionnelles dans le monde a aussi un impact sur la vie des habitants. De nombreuses personnes souhaiteraient se former ou se reconvertir mais ne peuvent pas par manque de moyens et/ou manque de formations. L'ONG Barefoot College (qui signifie Collège aux pieds nus) a permis de former des femmes issus de ménages pauvres à la fabrication de systèmes électriques à énergie solaire, apportant ainsi l'électricité à de nombreuses zones rurales éloignées. Les

Résumé

exemples comme celui-là doivent devenir de plus en plus nombreux.
- L'augmentation des inégalités dont les causes sont multiples : optimisation fiscale des entreprises permettant l'éviction d'une partie des impôts à payer à l'état, corruption, diminution des taux d'imposition, cadre juridique favorable aux entreprises, diminution de la protection sociale, absence de protection, catastrophes naturelles survenant dans des pays ayant déjà des difficultés financières, guerres...)
- L'augmentation des inégalités sociales où un enfant né dans une famille précaire risque de rester dans ce schéma de précarité
- L'augmentation des préjugés culturels et religieux (difficultés d'intégration de réfugiés de guerre ou climatique, absence de tolérance, exclusion sociale...). Quand vous supposez quelque chose sur quelqu'un, quand vous le traitez d'une certaine façon, de colérique par exemple, vous lui donnez un rôle qui n'est pas le sien et vous l'enfermez dans ce personnage.
- L'augmentation de la démographie mondiale, notamment dans les pays en voie de développement, risque d'aggraver les difficultés économiques, sociales et médicales qu'ils rencontrent. La scolarité et l'éducation au planning familial sont des solutions à mettre en place pour accompagner les filles en âge de procréer. Les systèmes de solidarité et de protection engendrent une baisse de la natalité car les enfants cessent d'être la seule « assurance pour la vieillesse », et améliore la qualité de vie. Si tous les pays du monde avaient un taux d'inscription des filles à l'école de 100%, il y aurait 1 milliards de naissance en moins dans le monde en 2050.

Résumé

- Le vieillissement de la population
- La mortalité des enfants, le manque d'apport nutritionnel, les carences, les problèmes de santé et pathologies
- Le manque d'accès à l'eau potable, les problèmes d'assainissement, les risques sanitaires qui en découlent
- Le manque d'accès aux médicaments et aux soins en général, les frais de santé importants dans les pays sans protection sociale
- Les guerres et les conséquences pour les populations des pays concernés (famines, migration…)
- Pour vous renseigner sur les problèmes mondiaux et leurs enjeux, je vous invite à vous rendre sur le site des Nations Unies, rubrique « 17 objectifs pour transformer le monde » https://www.un.org/sustainabledevelopment/fr/

CONCLUSION

Maintenant, prenez une grande inspiration et imaginez ! Imaginez ce à quoi un futur prospère pourrait ressembler ! Demandez-vous « si je devais naître dans 100 ans, quel monde voudrais-je trouver ? » ! Est-ce ce monde-là qui est en train d'advenir ? Si la réponse est non, faites en sorte d'atteindre le rêve de votre monde idéal. Ecrivez-le, comme vous écririez un testament ou une lettre à vos enfants. Commencez à entreprendre dès à présent les actions et paroles que vous souhaitez adjoindre à ce nouveau monde !
Chaque geste doit désormais aller dans le sens du rêve inscrit sur papier. Ainsi vous aurez fait votre part. Et n'oubliez pas, entre votre travail, votre famille et vos actions solidaires et écologiques, prenez le temps de méditer, ne serait-ce qu'une heure tous les trois jours (je sais, c'est déjà dur de caler une heure tous les trois jours), et de décélérer pour mieux vous ancrer dans votre présent et être plus proches de vos valeurs ! Mieux s'ancrer dans le présent aidera votre aire frontale à contrecarrer votre striatum avide de récompenses.

Changer de vie, intégrer dans votre quotidien la simplicité volontaire vous permettra en outre de faire des économies d'argent. Attention alors à l'effet rebond (les économies réalisées d'un côté sont compensées par un autre achat ou comportement). Si vous arrivez à économiser 500 € sur une année mais que cet argent vous permet de vous offrir un billet d'avion, les économies d'énergies réalisées en un an s'envoleront en un éclair. Tentez de rester raccord avec vos valeurs, offrez-vous un voyage en train !

Ayez la force de changer ce que vous ne pouvez accepter, le courage de changer ce qui est encore plus difficile à changer et la sagesse de vous arrêter quand vous n'en pouvez plus !

Soyez fous, soyez utopistes, soyez le changement, et ensemble, écrivons dès à présent le futur que nous voulons !

Le monde des bisounours

Vendredi 22 Août 2025 :

Levé à 7h, vous enfilez pour la dernière fois ce magnifique jean qui vous fait des fesses magnifiques, avant de le renvoyer à son commerçant avec les autres vêtements loués et fabriqués dans votre pays. Demain, vous recevrez le nouveau panier vêtements qu'il vous tarde d'ouvrir.

Petit déjeuner, vite, votre tramway passe dans 15 minutes, vous espérez ne pas le louper. Au pire, vous avez toujours votre trottinette électrique qui ne rallongera que de dix minutes votre trajet. Vous travaillez à 30 minutes de route mais préférez prendre les transports en commun pour lire le journal en même temps. Ça tombe bien, les journaux ont changé, ils ne sapent plus le moral, ils sont aussi d'excellents revitalisants par leurs messages optimistes et l'absence de publicités intempestives. Vous n'avez pas loupé le tram', et vous apprenez dans le journal que le jour du dépassement est aujourd'hui, le 22 Août 2025 ! Chouette vous dites-vous, on a encore reculé de quelques jours, c'est le cas depuis 2020 !
Il fait chaud aujourd'hui, 46° à l'ombre, mais le tramway a été conçu pour faire circuler l'air, la clim étant interdite dans le monde entier depuis maintenant 3 ans. Votre voisin vous propose une bouteille d'eau, il en a toujours plusieurs car il sait que beaucoup de personnes souffrent de cette chaleur, et il a fait de l'altruisme son crédo de tous les jours. Vous prenez son numéro, il habite à deux pâtés de maisons de chez vous, vous lui apporterez l'engrais conçu dans votre compost car il a un grand jardin et vous, une petite terrasse. La conversation s'enchaîne « Venez samedi

midi avec votre engrais, ma femme adore cuisiner, elle sera ravie d'avoir des invités ». Vous n'irez que si le plat est végétarien. Votre voisin sourit. Voilà maintenant deux ans que 5 milliards d'humains ne mangent de la viande que 3 jours par semaine, et uniquement des animaux élevés dans de bonnes conditions, heureux et en santé. Et la tendance continue de monter, notamment grâce au recul des maladies cardiovasculaires qui incitent chacun à changer son mode de vie. Vous irez donc samedi midi avec votre famille, ça vous permettra par la même occasion de faire une balade à vélos. Vous partez dans vos rêveries. Mais il y a de la pluie prévue samedi. C'est devenu tellement rare entre mars et novembre que cette idée vous réjouit. Ce n'est pas grave, le vélo triporteur électrique de la famille est conçu avec bâche de protection.

Vous arrivez à votre travail. Votre patron veut vous voir pour vous annoncer qu'il accepte votre demande de télétravail de deux jours par semaine. Etonnant pour un banquier non ? Vous êtes banquier, votre mission, chercher des investisseurs pour les projets d'entreprises responsables, au niveau sociétal et environnemental. Vous avez dans votre fichier des créatifs culturels du bout du monde qui vous présente leur projet par vidéoconférence, à vous de les mettre en relation avec les bons investisseurs, qui ne touchent désormais plus de dividendes, et de créer ensemble le projet financier.

Pause midi dans votre entreprise.
Le restaurant où vous mangez le midi a mis en place un frigo solidaire. Vous savez que votre voisine Martine a du mal à joindre les deux bouts depuis que son mari est parti. Vous lui rapportez un plat pour ce soir. Vous n'oublierez pas d'aller récupérer le pain grâce à l'application toogoodtogo, chez le boulanger du quartier qui prévoit toujours trop.

Après votre repas du midi, vous mettez la main à la patte avec vos collaborateurs : le toit végétalisé doit être entretenu. C'est une immense étendue de 800m² qui surplombe la ville. Tout le monde peut y aller, même le week-end avec les enfants, et des fiches techniques sont présentes pour savoir comment cultiver. En cas de doute, les jardiniers sont là pour vous guider. Vous avez transpirez mais la douche que votre patron a mis en place vous permet de repartir de plus belle pour une après-midi que vous attaquez avec le sourire.

Après votre travail, vous vous rendez au parc commercial. Le parc extérieur n'a rien à vendre mais il fait bon d'y passer pour le plaisir des yeux et des narines tellement les fleurs sont belles et sentent bons. Pourtant, vous savez qu'il s'agit d'une station d'épuration. Mais en voyant tous ces enfants courir en riant, vous oubliez vite cette pensée. Vous entrez dans l'immense serre pour acheter vos légumes. Vous en profitez pour observer tous ces poissons dans les grands bassins. Dire que ce sont grâce à eux que vos légumes sont là. Vous repensez au dialogue de Mufasa qui explique à son fils le cercle de la vie « tout ce que tu vois obéit aux lois d'un équilibre délicat, en tant que roi il te faut comprendre cet équilibre et respecter toutes les créatures, de la fourmi qui rampe, à l'antilope qui bondit ».

Direction le centre commercial. Vous allez chercher les pâtes fraîchement fabriquées sur place pour ce soir, vous voyez même comment elles sont fabriquées, vous êtes heureux de comprendre désormais tous les maillages de la production. Petit passage à la recyclerie pour changer l'écran de votre tablette. Vous n'allez pas rentrer chez vous sans un cadeau pour votre fils. Une mini voiture en bois, sera parfaite. Et pour votre femme ? Cette robe faite de lin, qu'elle convoite depuis quelques semaines. Et vous ? Le dernier livre sur le climat, dont vous avez entendu de bons échos. Il fait le point des cinq dernières années et propose de nouvelles techniques pour diminuer encore son impact. Si personne ne s'y était mis cinq ans plus tôt, vous n'imaginez pas ce que le monde serait devenu. Une troisième guerre mondiale pensez-vous. Des épidémies de grande ampleur. Beaucoup de morts. Beaucoup de souffrance. Vous n'auriez certainement pas eu d'enfants dans ce monde-là.

Au final, qu'est-ce qui a changé pour vous ? Vous avez mis en place quelques actes, puis ils sont devenus tellement naturels, fluides, sans efforts. Au début, arrêter de prendre la voiture a été dur. Mais pour rien au monde vous ne reviendriez en arrière. Votre cholestérol et votre petit ventre vous ont remercié. Et comme de plus en plus de personnes se sont mis à changer le monde par de petits actes, cela a renforcé votre envie. Votre striatum a toujours soif de manger, de se reproduire, d'avoir du pouvoir et du statut social, mais le pouvoir maintenant, c'est le vôtre, celui de mieux manger, mieux vivre, mieux aimer, mieux partager, avoir une vie sociale, sans comparaison.
Ca ne vous dérange pas de vivre en appartement étant donné tous les espaces verts qui ont été créé en si peu de temps. D'ailleurs vous aimez bien vos voisins, vous les retrouvez parfois au lavomatic. Dans cet espace de vie commun, il y a un tableau où chacun a indiqué grâce à des logos, les objets qu'il pouvait prêter. Certains les ont mis sur les boîtes aux lettres. Ça tombe bien, en récupérant votre courrier, vous constatez que Pierre a une perceuse, vous en aurez besoin juste pour deux trous à faire dans l'appartement.

19h vous arrivez chez vous. Ca sent bon la pizza. Pizza vegan bien sûr. Vous parlez avec votre femme du programme du week-end avant de pouvoir vous poser une bonne fois pour toute : samedi midi, repas chez le voisin rencontré dans le tramway ; dimanche, départ de la famille à 8h en bus pour faire 100 km. Au programme, replantations de sapins et de pins pour aider une entreprise à avancer dans son projet. Ca tombe bien, vous allez séquestrer du carbone et votre fils va pouvoir découvrir les essences locales. Sans compter les belles rencontres que vous allez faire et la récompense de fin de journée : un concert de rock où vous pourrez siroter une bière brassée sur place.

ANNEXES

Idées : Ce que vous pouvez apporter dans vos métiers

Je travaille dans le Bâtiment Travaux Public

Je prends connaissance des possibilités en matière de recyclage des déchets du BTP
https://www.ademe.fr/sites/default/files/assets/documents/fiche-technique-dechets-tp-2017-09.pdf
J'opte pour une démarche de « chantier vert »
http://www.chantiervert.fr/index.php
Je recherche des options pour construire et rénover de manière durable grâce à la caisse à outils
https://www.ffbatiment.fr/applications-interactives/CaisseOutils.html

Sur le chantier de démolition/construction/rénovation :
Stocker les produits dangereux dans des bacs de rétention
Les **eaux issues du lavage des outils et des bennes** devront être récupérées dans des bacs de rétention.
Bennes à ordures pour trier les déchets inertes, dangereux et non dangereux
Valoriser les déchets du second œuvre grâce au guide
http://www.sned.fr/mediatheque/SNED_guide_info_filiere.pdf
Imprimer les pictogrammes des déchets présents sur le chantier http://www.dechets-chantier.ffbatiment.fr/pictos-dechets.html
Utiliser un plan des déchets de chantier
http://www.chantiervert.fr/doc_utiles/8_12.pdf

- Voir la boîte à outils
 http://www.chantiervert.fr/05.documents_utiles.html#

 http://www.dechets-chantier.ffbatiment.fr/res/dechets_chantier/PDF/Affiche%20chantier%20propre%20BD.pdf
 http://www.dechets-chantier.ffbatiment.fr/res/dechets_chantier/PDF/Dechets_QR_010216_V6protege.pdf

Je suis gérant d'hôtel, camping…. Que puis-je mettre en place ?

Je fais en sorte d'avoir un impact environnemental au plus bas, puis j'adopte l'affichage environnemental. Voir vidéo ici https://www.youtube.com/watch?v=UVWwxgDah5k
Je troque les minis dosettes du petit déjeuner contre des pots et je préfère les produits locaux.

Je travaille dans un restaurant, un restaurant d'entreprise ou un restaurant de collectivité

J'instaure un ou plusieurs plats vegan pour surprendre mes clients
Je compost mes déchets organiques ou si je ne peux pas, je cherche un compost de quartier
https://lesactivateurs.org/geo-compost/
J'installe un frigo solidaire devant mon restaurant
https://www.identites-mutuelle.com/lesfrigossolidaires
Evitez le gaspillage alimentaire en passant au mode « paiement au poids » comme ce restaurant parisien
https://www.simonelemon.com/

Passez aux emballages consignés grâce à Réconcil, le réseau d'emballages consignés citoyens et local, des emballages durables, lavables et réutilisables
http://www.reconcil.fr/wp-content/uploads/2018/09/RECONCIL-PLAQUETTE-COMMERCIALE.pdf
https://www.reconcil.fr/

Je travaille dans un supermarché

Je favorise la communication sur les produits locaux et bios
J'instaure le vrac dans mon supermarché
Je mets en place un réseau Jean bouteille, la vente de liquide en vrac
https://www.youtube.com/watch?time_continue=5&v=iBmrIjz5bkM
http://www.jeanbouteille.fr/
Vous pouvez aussi envoyer une lettre à votre supermarché pour que celui-ci mette en place le réseau jean Bouteille
https://drive.google.com/drive/folders/1lh95D7zJ11xIQPI2V1UoGyMP9Tf7VlI_

Je suis enseignant(e)

J'installe une givebox dans la cours de récréation ou à l'entrée de mon école. Les vêtements d'enfants ne durent pas longtemps nous le savons, nos petites têtes poussent tellement vite. Ainsi installer une givebox permettrait d'échanger des vêtements, mais aussi des livres, jouets...

J'éduque à l'environnement, à l'alimentation respectueuse de l'environnement, au recyclage...

A l'échelle des quartiers, pour se rendre à l'école, inciter à la création de "pédibus", qui consistent à rassembler un groupe d'enfants pour les emmener à pied à l'école (c'est bon pour le moral et la santé)

De nombreuses ressources existent en ligne pour inculquer le développement durable et la compréhension du monde dès la plus tendre enfance :
Pour leur faire connaître les objectifs des Nations Unies :
https://www.un.org/sustainabledevelopment/fr/student-resources/
- Pour leur apprendre les différentes énergies
http://www.explorateurs-energie.com/index.php/les-energies/biomasse
- Pour qu'ils soient sensibles aux économies d'énergie :
http://watty.fr/

Je suis agent immobilier

Renseignez-vous sur la rénovation énergétique et mettez-vous en contact avec des professionnels qualifiés de ce domaine qui sauront éclairer vos clients dans l'optique d'achat de bien immobilier avec rénovation.
Quand vous devez estimer une maison dont le Diagnostic de Performance Energétique (DPE) est mauvais, vous pouvez lister les éventuelles améliorations à apporter.

Les déchets à composter :

Epluchures de fruits et légumes
Marc de café, sachets de thé
Filtres en papier
Restes alimentaires
Cartons salis à découper en petits morceaux
Coquilles d'œufs
Essuie-tout
Feuilles mortes et plantes d'intérieur

Les déchets qui NE se compostent PAS :

Agrumes
Viandes et poissons
Noyaux
Corps gras (beurre, huile)
Ail et échalote

Autocollant stop pub

Labels environnementaux

Pour les couches notamment

Pour le textile
(et tous les autres labels cités précédemment)

Pour les meubles en bois :

Pour les meubles en plastique, fauteuils, canapés :

Pour les meubles en métal :

Pour le bricolage :

Pour papeterie et fournitures :

Pour le multimédia :

Pour les jouets :

Pour les hébergements/gîtes/campings :

Savoir lire les étiquettes de tous les produits

https://www.ademe.fr/sites/default/files/assets/documents/fiche-les-etiquettes-environnementales.pdf
Pour les étiquettes des produits de supermarché, produits d'entretien, cosmétiques et peintures :
https://www.ecoconso.be/sites/default/files/articles/ecoconso_-_brochure_etiquettes_janv2013_web_.pdf

Cochez les défis que vous souhaitez relever :

Je deviens un héros dès aujourd'hui

Je dompte mon striatum en lui inculquant la sobriété et la réflexivité

Je sensibilise mon entourage et même les inconnus à la consommation responsable et au développement durable

J'éduque mes enfants au respect de la vie et à la protection de la planète

Je crée mon potager, mon jardin agro écologique et je n'utilise plus d'engrais

Je diminue nettement ma consommation de climatisation. Pour cela je fais de l'ombre avec des plantes, je m'hydrate et me mouille avec un gant

Je mange désormais bio, local, de saison

Je diminue nettement ma consommation de viande et poisson, je suis végétalien 3 jours par semaine, végétarien 2 jours par semaine et le week-end je fais un peu comme bon me semble selon les sorties et invitations (modifier à votre guise)

Je peux trouver des recettes vegan grâce aux applications vegg'up ou veganized, ou au livre de Lloyd Lang « une journée dans mon assiette végan »

Je n'achète que des viandes et poissons locaux et/ou élevez dans de bonnes conditions, sans antibiotiques, sans OGM

Je remplace la viande et le poisson par des insectes

Je suis zéro déchet, j'ai mon petit panier, mes filets pour fruits et légumes, mes bocaux en verre pour le vrac, mon sac à pain et j'évite au maximum tous les emballages, en privilégiant quand je n'ai pas d'autres solutions les emballages en verre

Je cherche les réseaux vrac près de chez moi grâce à consovrac.com, daybyday-shop.com, carte de France des épiceries vrac sur consocollaborative.com

Je fais mes propres yaourts, mes compotes de fruits, mes produits d'entretien et mes produits de beauté, ou lorsque je n'ai pas le temps, j'achète des savons solides sans emballages

Je mouds mon café et utilise une cafetière à piston

Je bois des boissons locales, dont les bouteilles sont consignées de préférence

Je prévois mes repas à l'avance et je me renseigne sur les labels et sur le site eco-sapiens.com quand j'ai un doute sur un produit

Je télécharge les applications suivantes : la ruche qui dit oui, yes we green, buyornot

Je consulte le site mescarottes.com pour trouver les producteurs proches de chez moi

Je fais mon compostage qui me permet de ne pas mettre à la poubelle les déchets organiques ou je cherche un compost près de chez moi grâce à lesactivateurs.org

Je bannis le plastique de ma vie quotidienne

J'ai ma gourde et un mug pour le café toujours dans mon sac

Je vais aux restaurants Vegan grâce aux applications HappyCow et Vegoresto

Je trie mes déchets, je me renseigne sur consignedetri.fr

Je cherche les points de collecte des différents déchets grâce aux applications : guide du tri, eugène, grâce aux sites ecologic-france.com et eco-systemes.fr

Je participe à la vie de ma ville et l'incite à aménager le territoire de façon mutlifocal et durable

Je mets un autocollant stop pub sur ma boîte aux lettres

Je lutte contre le gaspillage alimentaire grâce au bruitdufrigo.fr, à l'application frigo magic et grâce à un tableau dans ma résidence (à l'instar des frigos solidaires) où j'indique à mes voisins les restes éventuels pour éviter de les jeter

J'en profite pour coller mes stickers de mutualisation des objets que je peux prêter

J'opte pour un poulailler

Si je n'ai pas de jardin, je peux en trouver un pour créer un potager grâce à plantezcheznous.com

Je n'achète rien de neuf pendant un an, puis je continue au-delà si je le souhaite

Je cherche mes vêtements sur leboncoin, vinted, emmaus ou parmi mes amis

Pour mes objets du quotidien, je les cherche sur mytroc.fr, dans les friperies, les dépôts vente et recycleries

Si j'achète du neuf, j'achète éthique et français (labels) ; je privilégie les matières les moins énergivores (lin, chanvre, coton bio, lyocell, tencel)

Je recycle mon matelas sur recyc-matelas.fr

J'achète d'occasion l'électroménager, je regarde sur le site envie.org

Je me renseigne sur la durabilité et l'obsolescence programmée des appareils grâce à produitsdurables.fr, ecoguide-it.com, electroguide.com

Je passe à l'économie d'usage grâce à commown.fr

Je donne des objets grâce à donnons.org, recupe.net, donne.consoglobe.com, où j'installe une givebox dans mon quartier, immeuble, entreprise

Je mutualise, prête ou loue grâce à smiile.com, mutum.com, zilok.com, allovoisins.com, lokeo.fr

Je répare mes objets grâce à des tutoriels sur les sites commentreparer.com, sosav.fr, heureux-cyclage.com, ou je me rends dans des Repair Café dont je trouve la carte sur leur site web

Je n'abandonne pas ma batterie à plat, je la régénère ou la reconditionne

Je ne jette aucun déchet ou meuble ou électroménager sur la voie publique, j'emmène tout à la déchetterie

Pour Noël je crée un sapin zéro déchet, j'offre des cadeaux solidaires ou responsables, j'utilise la méthode furoshiki pour les emballages cadeau et je crée un calendrier inversé

Pour mes achats j'utilise la **méthode BISOU** et pour les objets que j'ai déjà, j'utilise la **méthode des 5R et du P**

J'utilise toutes les solutions pour réduire mon empreinte carbone numérique

Si je dois rénover ou faire construire, je privilégie les matériaux à faible impact environnemental, je fais attention aux labels et je prends en compte l'énergie grise en amont

Je privilégie les petits espaces, j'aménage au mieux mon habitat

Je privilégie la ventilation naturelle, je récupère mes eaux de pluie pour arroser mon jardin si je peux

J'installe des toilettes sèches

Je diminue l'utilisation de mon eau grâce à des mitigeurs écologiques et en diminuant mon temps de douche, voire en me lavant uniquement avec un gant, en installant une douche infinie

J'économise l'énergie, j'éteins mes lumières et je m'abonne à un fournisseur d'électricité verte

Je végétalise le maximum d'espace, que ce soit chez moi, sur moi toit ou dans ma rue

J'utilise une banque éthique, je place mon épargne dans des projets respectueux de l'environnement et au service du Bien Commun

Je prône le développement de monnaies locales complémentaires, j'en crée une ou y adhère

Je privilégie les transports en commun, le vélo ou la marche, sinon les transports propres

J'utilise les polices d'écriture Ecofront ou Ryman Eco, je recycle mes cartouches d'encre, j'utilise du papier recyclé, j'imprime recto verso

J'applique les techniques indiquées dans le paragraphe « Chez soi »

Je me forme, je suis curieux, je remets mes connaissances au goût du jour

Si j'arrive à mettre en place tous ces défis, alors je suis largement apte à faire un saut un l'élastique

J'aime, je partage, je souris à la vie

SUIVEZ LE BLOG ET RELEVEZ LES DEFIS

Connectez-vous au Facebook « Sophie Ecologie » et relevez les défis toutes les semaines à compter du 1er Janvier 2020 !

2 défis par semaine, 52 semaines soit 104 bonnes habitudes à adopter pour vous et pour la planète !

Soyez le mouvement du changement, soyez le héros que vous voulez devenir !

PAPA LAISSE MOI T'EXPLIQUER !

Le petit guide écolo des Enfants Engagés qui veulent comprendre le réchauffement climatique et expliquer à leurs parents comment passer à l'action !

Chapitre 1 : COMPRENDRE

Comment et pourquoi la Terre se réchauffe ?

La Terre reçoit les rayons du soleil et les renvoie dans l'atmosphère. Une partie de ces rayons ne repartent pas dans l'espace et restent présents dans l'atmosphère grâce à un bouclier. Ce phénomène NATUREL s'appelle « l'effet de serre » et permet d'avoir la température idéale pour la vie sur Terre (environ 15°).

MAIS nous avons augmenté ce phénomène à cause de nos modes de vie et cela a entraîné ce qu'on appelle le réchauffement climatique.

Le réchauffement climatique, c'est l'augmentation de la température dans l'air et dans l'eau des océans. La température de la Terre influence la météo. Si la température augmente, la météo s'emballe et on a plus de tempêtes, d'inondations, plus de grosses chaleurs qu'on appelle canicules.

Le problème, c'est que les animaux et les humains, nous ne pouvons pas vivre sur une planète trop chaude. Il faut donc dès maintenant limiter le réchauffement climatique.

On sait que la température de la terre augmente naturellement mais que le phénomène est amplifié à cause de la pollution de certains gaz, comme ceux qu'on retrouve dans les voitures et les avions, dans les usines pour produire l'électricité, dans les fermes et productions de viandes, dans les lieux de fabrication des vêtements et des objets technologiques comme les ordinateurs et téléphones. Ces gaz font grossir le bouclier de l'effet de serre naturel, et ça réchauffe la Terre.

On sait aussi que les déchets polluent la planète et que l'eau qu'on peut boire (c'est-à-dire celle qui n'est pas salée comme les océans et les mers) est rare, on doit donc économiser l'eau.

Pour éviter que la Terre se réchauffe et sauver les animaux, il faut donc limiter les gaz à effet de serre (CO_2, méthane, oxyde d'azote…), limiter les déchets et économiser l'eau.

BREF on doit adopter de bonnes habitudes de vie !

Chapitre 2 : PASSER A L'ACTION

Est-ce que vous connaissez ceci (2 éléments différents) ?

Du pétrole et du charbon. Ce sont les énergies utilisées pour faire avancer les transports (voitures, avions, bateaux...), pour fabriquer l'électricité, pour créer les vêtements et les ordinateurs et téléphones... Ces énergies, très polluantes et sales, vont peu à peu être remplacées par des énergies durables et propres, qu'on puisera du soleil (panneaux photovoltaïques), du vent (éoliennes), de l'eau (énergie hydraulique, barrages)...

Parfait mais qu'est-ce que vous pouvez faire vous à votre échelle, pour avoir de bons comportements, consommer moins d'énergie et limiter le réchauffement climatique ?

Solution 1 :

Manger beaucoup moins de viande

(permet d'économiser l'eau et de limiter le rejet de gaz à effet de serre)

Pour bien grandir, un bœuf boit de l'eau et est nourri par des céréales qui elles-mêmes ont été arrosées pour pousser. Il faut 15 000 litres d'eau pour produire 1 kilo de bœuf. Alors qu'il faut seulement 55 litres pour 1 kilo de tomates.

Il vaut donc mieux manger des fruits et légumes de saison.

De même, l'élevage des animaux rejette des gaz à effet de serre. Voilà pourquoi il faut manger moins de viande.

Solution 2 :

Diminuer sa consommation électrique

L'électricité c'est de l'énergie, il faut l'économiser :

- en éteignant les lumières et les appareils quand nous n'en avons plus besoin,
- en ouvrant les volets dès qu'il fait jour pour éviter d'allumer la lumière,
- en débranchant les chargeurs, en éteignant l'ordinateur et le téléphone la nuit quand nous ne nous en servons pas
- quand il fait froid, au lieu d'augmenter le chauffage, on met un bon pull et des chaussettes épaisses
- en évitant d'utiliser la climatisation l'été quand il fait chaud car cela consomme beaucoup d'énergie. On aère plutôt la maison et on boit beaucoup d'eau.

Solution 3 :

Economiser l'eau

L'eau est une ressource rare dont 7 milliards d'humain ont besoin. Là aussi ne pas la gaspiller est important. Comment ?

- En prenant une douche plutôt qu'un bain (la douche utilise deux fois moins d'eau qu'un bain),
- en fermant le robinet quand on se savonne ou qu'on se lave les dents,
- en utilisant des robinets qui économisent l'eau,

- en mangeant moins de viande et plus de fruits et légumes de saison. Attention les fruits et légumes qui ne sont pas de saison sont cultivés dans des serres chauffées ou viennent de loin par avion ou bateau, ce qui consomme beaucoup d'énergie. Vous pouvez trouver sur Internet le calendrier des fruits et légumes de saison.

Solution 4 :

Eviter les transports polluants (voiture, avion, bateau)

Nous devons privilégier les moyens de transports peu polluants, comme la marche à pied, le vélo ou le train dès que possible, ou les transports en commun.

Pour éviter d'être seul en voiture, nous pouvons faire du covoiturage.

Solution 5 :

Consommer moins mais mieux, consommer d'occasion, prêter, donner

Vous voulez acheter un jean ? Demandez-vous si vous en avez vraiment besoin ? Un jean parcourt le monde entier (65 000 kilomètres) lors de sa fabrication.

Achetez d'occasion, vendez ou donnez ce que vous n'utilisez plus, ça fera le bonheur d'une autre personne.
Pour cela, vous pouvez penser à la givebox (« boîte à dons ») et dire à vos parents ou votre maîtresse d'en installer une dans l'immeuble que vous habitez ou dans votre école.

Ne jetez pas vos appareils cassés mais demandez à un adulte de les réparer ou des les emmener chez un réparateur. Souvent nous pensons qu'un objet ne fonctionne plus (ordinateur, téléphone...) alors qu'il suffit parfois de changer une pièce pour que l'ensemble redémarre.

Réutilisez des objets que vous pensiez jeter : Costumisez par exemple un jean troué avec peu de tissu, votre vêtement sera alors unique.

Soyez créatifs et laissez votre imagination s'exprimer. Par exemple pour Noël, créez un sapin de Noël en rouleau de papier toilettes.

Solution 6 :
Lutter contre le gaspillage alimentaire, limiter les déchets et les emballages, recycler

Les emballages (en plastique, carton et verre) sont tellement présents dans nos vies qu'ils ne peuvent pas tous être recyclés. Ils sont alors enterrés ou partent dans les mers où ils ont formés ce qu'on appelle le 7ème continent (déchets qui flottent sur l'eau).

Or il faut protéger les océans car on y trouve de nombreux animaux qui n'aiment pas les déchets et car les océans fabriquent l'oxygène dont nous avons besoin pour respirer.

Pour éviter que les emballages et le plastique finissent dans la nature :

- Achetez des produits en vrac que vous mettez dans des pots en verre réutilisables

- Prenez un panier ou des sacs réutilisables à la place des sacs plastiques
- Mangez des produits locaux (pour éviter les kilomètres du transport et les emballages trop nombreux) car souvent les produits en supermarchés viennent d'un autre pays que la France.

Pour limiter les déchets et le gaspillage alimentaire :

- Dites à vos parents de mettre un autocollant Stop-Pub sur la boîte aux lettres
- Ne jetez pas à la poubelle un repas que vous n'avez pas fini, congelez-le plutôt
- Installez un compost ou un lombricompost chez vous avec l'aide de vos parents. Dans le compost, vous pouvez mettre vos déchets organiques que vous ne pouvez pas manger, c'est-à-dire les épluchures de fruits et légumes
- Trier vos emballages grâce aux poubelles de tri devant chez vous. Attention les consignes de tri peuvent changer selon la région. Aux alentours de Toulon, vous pouvez retenir que :
  - Jaune c'est le papier-carton
  - Gris c'est le plastique
  - Vert c'est le verre

- Bleu c'est l'aluminium et le métal (boîtes de conserve)

N'oubliez pas : la nature c'est la vie, il faut la protéger !! Mais prendre soin de la planète n'a pas de sens si on ne prend pas soin des personnes et animaux qui y vivent. Prenez soin les uns les autres, et transmettez ce que vous savez à ceux qui ne savent pas !

Remerciements

*Je remercie tous les auteurs, chercheurs, journalistes, bloggeurs... qui œuvrent chaque jour à comprendre le monde et à transmettre leur savoir. Cette synthèse n'aurait pas pu voir le jour sans eux.
Merci aux militants pour leur dévouement et leur engagement envers la société.
Merci à tous les héros qui agissent pour la préservation de la planète, la protection et la défense des animaux, à tous les héros du quotidien, qui recyclent, qui mangent moins de viandes, qui ont pris le parti de la sobriété...
Merci à mes proches qui ont lu le livre et m'ont donné leurs critiques constructives.
Merci aux héros en devenir, aux enfants du monde et aux enfants à naître.*

Je soutiens Unicef et l'éducation des enfants, et notamment des filles à travers le monde.

En effet, soutenir l'éducation peut contribuer à réduire la pauvreté et différer l'âge des mariages et des grossesses de femmes qui aimeraient pouvoir étudier ; ce qui conduit indirectement à diminuer le réchauffement climatique et contribue à réduire « le schéma de pauvreté » grâce à l'Education.

Pour moi, comprendre, connaître, transmettre et innover sont les piliers du XXIème siécle.

Ainsi je m'engage à reverser 0,50 centimes d'euros à l'Unicef sur chaque vente de livre, qu'il soit en format papier ou en format ebook.

Sophie G